恋上花草茶

CRUSH ON HERBAL TEA

巩宏斌 / 主编

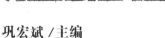

黑龙江科学技术出版社
HEILONGJIANG SCIENCE AND TECHNOLOGY PRESS

图书在版编目（CIP）数据

　　恋上花草茶 / 巩宏斌主编 . -- 哈尔滨：黑龙江科
学技术出版社，2018.1
　　ISBN 978-7-5388-9351-9

　　Ⅰ . ①恋… Ⅱ . ①巩… Ⅲ . ①女性 – 保健 – 茶谱
Ⅳ . ① TS272.5

　　中国版本图书馆 CIP 数据核字 (2017) 第 253361 号

恋上花草茶

LIANSHANG HUACAOCHA

主　　编	巩宏斌	
责任编辑	马远洋	
策划编辑	深圳市金版文化发展股份有限公司	
封面设计	深圳市金版文化发展股份有限公司	
出　　版	黑龙江科学技术出版社	

地址：哈尔滨市南岗区公安街 70-2 号　　邮编：150007
电话：（0451）53642106　传真：（0451）53642143
网址：www.lkcbs.cn

发　　行	全国新华书店
印　　刷	深圳市雅佳图印刷有限公司
开　　本	720 mm×1020 mm　　1/16
印　　张	12
字　　数	180 千字
版　　次	2018 年 1 月第 1 版
印　　次	2018 年 1 月第 1 次印刷
书　　号	ISBN 978-7-5388-9351-9
定　　价	39.80 元

contents

目录

 118 第四章 喝花草茶，赶走小毛病

第一章

细说花草茶

　　花草茶始于西方，但实际上就和我国传统医学用汉方药草入茶饮用一样，能对人体起到很好的疗愈作用；花草茶味道芳香怡人、对身体好，且饮用方便，因此深受人们的喜爱。

一、花草茶知多少

花草茶的分类

一般我们所说的花草茶，是指那些不含茶叶成分的香草类饮品。准确地说，花草茶指的是将植物之根、茎、叶、花或皮等部分加以煎煮或冲泡，而产生芳香味道的草本饮品。花草茶的材料新鲜或干燥的都可以。

花草茶的分类可以就身体和精神两大部分来讲，于身体而言，饮用花草茶除了可以帮助消化、通便、调节生理功能外，还可以养颜美容、帮助睡眠。于精神而言，花草茶属于一种温和的芳香疗法，可以缓解日常生活中的紧张情绪，使人精力旺盛、减轻疲劳感。

就饮用方式来说，花草茶可以分为"单方花草茶"及"复方花草茶"两大类。所谓复方，即是指两种以上的花草调和冲泡而成的花草茶。

花草茶的营养成分

花草茶常见的营养成分主要有矿物质、水溶性维生素、芳香油类、类黄酮、苦味素、鞣质等。不同的花草茶材料成分不同，也会有不同的疗效。如水溶性维生素和身体所需的矿物质，可以促进消化代谢；芳香油类成分具有很好的醒脑明目作用；类黄酮可以利尿且可保护心血管；苦味素则有消炎、抗菌之效等。

饮花草茶的特点

花草茶具有养生保健作用，花草茶中不仅营养成分很丰富，还具有药效功能，具有提神健脑、生津止渴、降脂瘦身、清心明目、消炎解毒、延年益寿等功效，是人们日常生活中养生保健常用的饮品。

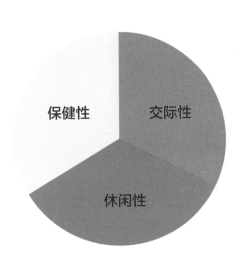

"以茶会友"是从古至今的一种交际方式，喜欢茶艺的人，总是用茶来招待朋友、结交朋友，和兴趣相投的朋友在一起交流饮茶心得，共享新茶，在交流的同时，也能增进友谊。

人们的生活节奏越来越快，工作压力也越来越大，在工作之余，家人坐在一起品茗聊天，放松身心，这也是人们缓解压力、愉悦身心的一种好方法。品茶，不仅可以给人们带来物质和精神上的双重享受，在享受花草茶香味的同时，也可以享受茶艺、茶具带来的趣味，陶冶情操。

饮花草茶的环境

🍃 书房

书房是读书、学习的场所，本身就具有安静、清新的特点，自古茶和书籍有着密不可分的关系，在书房中也更能体现饮茶的意境。

🍃 庭院

如果在庭院中种植一些花草，摆上茶几、椅子，和大自然融为一体，饮茶的意境立刻就显现了出来。

🍃 客厅

可以在客厅的一角辟出一个小空间，布置一些中式家具或是小型沙发等，饮茶的氛围立刻就营造了出来，午后和家人一起饮茶聊天是件很惬意的事。

二、泡好一杯花草茶

选好水，事半功倍

茶的好坏和泡茶的水质有着直接关系，水质优，可以使茶汤色、香、味俱全；水质劣，不仅体现不出茶自身的香味，还会使茶汤走味。对于水的总体要求是，水要清洁甘甜，活而鲜。泡茶用的水，大多使用的是天然水，其中山泉水、溪水、井水是最佳选择，水质的优劣主要取决于以下几点。

矿物质含量　矿物质含量多，一般称为硬水，泡出的茶颜色偏暗、香气不显、口感清爽度低，硬水不适宜泡茶。矿物质含量低，一般称为软水，容易表现茶的本质，是适宜泡茶的水。

空气含量　水中空气含量高者，有利茶香挥发，而且口感好。一般说"活水"益于泡茶，主要是因活水中的空气含量高，还有说水不可煮老，也因为煮久了，空气含量会降低。

杂质与含菌量　水中杂质与含菌量越少越好，一般高密度滤水设备都可以将之隔离，含菌部分还可以利用高温的方法将它消灭。

消毒药剂含量　若水中含有消毒药剂，如"氯"，饮用前可使用活性炭将其滤掉。慢火煮开或高温不加盖放置一段时间也可以降低其含量。明显的消毒剂会直接干扰茶汤的味道与品质。

好茶配好茶具

茶具材料多种多样，造型千姿百态，纹饰百花齐放。茶具的选用主要根据各地的饮茶风俗习惯和饮茶者对茶具的审美情趣，以及品饮的茶类和环境而定。一般来说，现在通行的各类茶具中以瓷器茶具、陶器茶具最好，玻璃茶具次之，搪瓷茶具再次之。

由于花茶外观美丽，冲泡时更多是希望维护花茶的香气以及欣赏茶坯的美，因此更多时候是选择透明的玻璃茶杯，或者是广口且精致的陶瓷杯来冲泡。

花草茶的冲泡要领

置茶量

以冲泡花茶的沸水 500 毫升为标准，那相应的置茶量应为 5～10 克。如果是选择混合式的花茶，即花草的种类多于两种，则每一种材料各取 2～3 克。同时，冲泡时可依据个人口味，搭配 2～3 克冰糖或蜂蜜，理想的花茶和冰糖或蜂蜜的比例为 3：2。

冲泡方法

先在杯中或壶中倒入一些热水，将茶壶温热，然后倒出热水。再放入适量的花草茶，冲泡后要等茶汤变色后再饮用，可酌情加蜂蜜、冰糖等调味。花茶可回冲至无味为止。

若几种花草混合冲泡，建议可将细碎的种类放在滤茶器中，而大朵或大块的则可以放在外层，因为如果花草茶不能在水中完全舒展开来，则泡不出一杯好茶。

如果使用自来水冲泡花草茶，水煮沸后，建议打开茶壶静置一会儿让水中的热气先蒸散，并降温至 85℃，再倒入冲泡最为合适，如此可避免沸水使茶汁变色、变苦。

冲泡时间

洗茶后，沸水注入杯中冲泡花茶的时间既不宜过短，也不宜过长，一般在冲泡后静置 3～5 分钟，即可品饮。

适时续水

花茶是用玻璃杯或陶瓷杯饮用，以方便欣赏花茶舒展的姿态，因此不宜将杯中茶汤全部饮用完再续水。最好是在杯中茶汤剩下 ⅓ 时续水，既可保持花茶继续舒展，也可控制茶温，保全茶汤品质。

❶ **备具：** 将开水倒入茶壶中进行冲洗，再对品茗杯进行温杯，弃水不用。

❷ **放入花草：** 将菊花轻轻地拨入壶中。

❸ **注入热水：** 轻轻地将开水注入茶壶中。

❹ **闷泡：** 盖上盖子，闷 3 ~ 5 分钟，可观赏菊花在水中慢慢舒展开来。

❺ **倒茶：** 轻轻地水平晃动茶壶，使茶的浓度均匀后将茶倒入茶杯中。

❻ **品茶：** 菊花的茶汤香气怡人，待茶汤稍凉时，小口品饮，可感茶味清幽。

三、花草茶的储藏

　　干燥、密封储藏。花草茶在储藏时一定要注意干燥，不要使花草茶受潮，如果保存的环境潮湿，那么容易使花草茶变质。花草茶在接触空气的时候也容易吸收湿气而变质，因此一般建议存放在密封罐内，有些店家会提供密封袋，但是塑料袋也易让空气透过，所以用密封罐是最好的。

　　避免接触强光。阳光直射容易使花草茶中的物质氧化，使茶的香味受到影响，有"日晒味"，而其自身的芬芳味道受到了影响，严重的还会导致花草茶变质，因此在储藏时一定要注意避光。

　　远离高温。高温也会使花草茶变质，平时要储放在阴凉的地方，不过开封后并非一定要放在冰箱里，放入冰箱里取用的时候反而会因温差而易凝结水汽造成潮湿。

　　远离异味。花草茶容易吸收其他味道，这样不仅会影响花草茶的味道，还会加速花草茶的变质，因此，在储藏时最好单独存放，防止茶味不纯。

　　不要长时间暴露。花草茶长时间暴露在空气中，会由于氧化的原因加速花草茶变质，而且，暴露在外的花草茶也会更容易接触到空气中的水分，从而吸湿而潮湿，不再干燥，降低了花草茶的质量，因此每次取用完应立即放回密封罐内。

热性体质

体质特点

　　喜欢吃冰凉的食物或饮料，喜爱喝水但仍觉口干舌燥，脸色通红，脾气差且容易心烦气躁，全身经常发热又怕热，经常便秘或粪便干燥，尿液较少且偏黄。

适合的茶材

　　寒凉属性的茶材，如菊花、薄荷、决明子、西洋参、薏米、绿茶等。

不适合的茶材

　　温热、辛辣刺激属性的茶材，如桂圆、生姜、肉桂等。

寒性体质

体质特点

喜欢喝热饮、吃热食，常腹泻，不常喝水也不会觉得口渴，精神虚弱且容易疲劳，脸色苍白、唇色淡，怕冷、怕吹风，手脚冰冷。

适合的茶材

温热属性的茶材，如桂圆、桑葚、山楂、当归、人参、黄芪、杏仁、生姜等。

不适合的茶材

苦茶、仙草等。

实性体质

体质特点

对气候适应力强，不喜欢穿厚重衣服，精神佳，身体强壮，声音洪亮，心情容易烦躁，会失眠，舌苔厚重，有口干口臭现象，呼吸粗重，小便为黄色，尿量少且有便秘现象。

适合的茶材

苦寒属性的茶材，如仙草、梨子、橘子等。

不适合的茶材

肉桂、松子、生姜、桂圆等。

虚性体质

阳虚体质特点

和寒性体质接近，表现为疲倦怕冷、四肢冰冷、唇色苍白、嗜睡乏力、少气懒言，男性遗精、女性白带清稀。

适合的茶材

宜选补阳的茶材，如冬虫夏草、人参、核桃、生姜等。

不适合的茶材

金银花、蒲公英、白茅根、车前草、苦茶等。

阴虚体质特点

和热性体质接近，表现为经常口渴、喉咙干，形体消瘦，盗汗，手足易冒汗发热，小便黄、常便秘等。

适合的茶材

宜选补阴的茶材，如百合、芝麻、西洋参等。

不适合的茶材

干姜、肉桂、丁香、桂圆、茴香等。

五、人群与茶

女性与茶

由于茶中含有多种抗氧化物质与抗氧化营养素，对于消除自由基有一定的效果。因此喝茶也能起到延缓衰老的作用，极具养生保健功能，可起到防老、排毒养颜的作用。其次，花草茶中不但含有丰富的维生素，而且不含咖啡因与人造色素，能美白和紧致肌肤，使皮肤保持水润和弹性，非常适宜女性饮用，深受女性的喜爱。

男性与茶

在众多的减压方法中，饮茶可以说是较为简便的一种。茶饮中含有丰富的矿物质，可以帮助增强免疫力，维持机体健康；其含有的多种抗氧化物质与抗氧化营养素，能够帮助消除自由基，帮助恢复机体活力，为身心疲惫的男性群体补充体力，以此舒解压力，平衡身心，使其恢复正常状态。

儿童与茶

茶不仅能使人精神振奋、思维活跃、记忆力增强，还有防暑降温、消除疲劳、促进新陈代谢、预防龋齿等作用，因此儿童适量饮用淡绿茶、花草茶及一些具有辅助治疗作用的药茶，对成长发育能起到一定的积极促进作用，有助于其健康成长，因此应该鼓励儿童适当饮茶。不过，儿童尽量不要喝浓茶，尤其是在晚上喝茶，还会使孩子产生失眠、尿频等问题，影响到睡眠。

中老年人与茶

喝茶不仅仅是一种休闲方式，同时也是一种具有保健作用的生活习惯。中老年人容易患上高血压、高血脂、冠心病、脑卒中、糖尿病等心脑血管方面的疾病，因此，可以根据自身的情况来选择适合的茶饮。

六、常见的花草茶

薰衣草
LAVENDER

改善肌肤、改善睡眠、使口气
清新

玫瑰花
ROSE

美容养颜、缓解疲劳、降火

茉莉花
JASMINE

解郁、抗菌消炎、美容养颜

月季花
CHINESE ROSE FLOWER

行血活血、排毒养颜

桃花
PEACH BLOSSOM

瘦身塑形、美白祛斑

木芙蓉
HIBISCUS MUTABILIS LINN

增强免疫力、滋润养颜、活血
止痛

牡丹花
PEONY

养颜补气血、缓解痛经

玳玳花
ORANGE BLOSSOM

解郁理气、消脂、止咳化痰、
镇静宁神

玉兰花
MAGNOLIA

消炎止痛、强身健体、润肤

玫瑰茄
ROSELLE

清热解暑、美容养颜

百合花
LILY

宁心安神、补阴退热

桂花
OSMANTHUS FRAGRANS

化痰止咳、止痛化瘀

菊花
CHRYSANTHEMUM

清热解毒、明目

洋甘菊
CHAMOMILE

改善睡眠、明目、增强免疫力

金银花
HONEYSUCKLE

清热解毒、抗炎

金盏花
MARIGOLD

改善月经不调、抗菌消炎

紫罗兰
VIOLET

祛痰止咳、清热解毒、消除眼
睛疲劳、美白祛斑

勿忘我
FORGET ME NOT

养颜美容、清火明目

千日红
GOMPHRENA GLOBOSA

止咳平喘、美容养颜、排毒散瘀、
清肝明目

红花
SAFFLOWER

活血化瘀、行经止痛

欧石楠
HEATHER

利尿杀菌、促进消化

薄荷
MINT

疏风散热、提神醒脑

甜菊叶
STEVIA

消除疲劳、养阴生津、缓解口
渴症状

荷叶
LOTUS LEAF

排出毒素、瘦身消脂

桑叶
MULBERRY LEAF

降血糖、消疮祛斑、减肥消脂

菩提
LINDEN LEAVES

安神助眠、促进胃肠道蠕动、
排出毒素

迷迭香
ROSEMARY

提神醒脑、美容美发

柠檬草
LEMON GRASS

抗菌消毒、美容美发

柠檬马鞭草
LEMON VERBENA

瘦身塑形、促进消化、提神、
镇静

香蜂草
LEMON BALM

促进食欲、舒缓情绪

玉蝴蝶
SEMEN OROXYLI

强身健体、润嗓润喉

第二章

品味花草茶

　　花草茶的品种有很多，一般是鲜花烘干、窨制而成。不同品种的花草茶其采摘时间、成分及功效等也不同，我们可以根据自己的需要选择合适的花草来泡茶饮用。

薰衣草

LAVENDER

别名： 爱情草、宁静的香水植物

使用部位： 花

适用量： 每次 2 ~ 3 克

主要成分： 挥发油、香豆素、单宁、类黄酮等

不宜人群： 孕期女性忌用；体虚、脾虚、胃寒病患者慎用

薰衣草虽然名为"草"，但实际上是一种紫蓝色的小花，属于唇形科薰衣草属植物，带有芬芳的气味，花型如小麦穗状，喜干燥。薰衣草不仅具有很高的观赏价值，同时也有很好的药用、保健价值，可以用来冲泡花茶、放入浴缸中沐浴等，有助于舒缓压力、帮助入眠。

选购是以颜色不过于艳紫、干燥而不潮湿的为佳。置于密封、阴凉、干燥处保存。

▶ 功效

改善肌肤： 饮用薰衣草花茶可以促进细胞再生，平衡油脂分泌，有效改善疤痕、晒伤、湿疹肌肤，使皮肤光亮有光泽。

改善睡眠： 薰衣草还可以净化我们的心灵，有效安抚紧张情绪，缓和头痛、疲劳感，纾解压力，促进睡眠等。

使口气清新： 经常饮用能使口气清新，对轻微感冒有一定的防治功效。

薰衣草茶

◆ **适应证**　失眠、焦虑、头痛

材料

薰衣草 3 克

做法

1. 将薰衣草放入杯中，倒入开水。

2. 盖上盖子，静置 10 分钟后即可饮用。

小贴士

　　薰衣草茶虽然能舒缓身心，让人们放松，但不宜饮用过多，亦不可在工作期间饮用，否则会让人精神放松，无法集中注意力。适宜睡前饮用。

玫瑰花
ROSE

别名： 徘徊花

使用部位： 花

适用量： 每次约为5克

主要成分： 挥发油、苦味质、鞣质、维生素

不宜人群： 花粉过敏者及孕妇

世界上的花卉大多有色无香，或有香无色。唯有玫瑰、月季、红梅等，既美丽又芳香，除富有观赏的价值外，还是窨茶和提取芳香油的好原料。

选购以外形饱满、色泽均匀，香气冲鼻，汤色通红者为宜。置于密封、干燥、低温、避光处储藏。

▶ 功效

收敛性： 玫瑰花有收敛性，适用于月经过多、赤白带下、肠炎、下痢等。

美容养颜： 玫瑰花能有效的清除自由基。

缓解疲劳： 玫瑰花能改善内分泌失调，对消除疲劳和伤口愈合有帮助，还能调理女性生理问题。

保肝降火： 玫瑰花能降火气，还能保护肝脏胃肠功能，长期饮用亦有助于促进新陈代谢。

玫瑰花茶

◆ **适应证**　脸上长斑、月经失调

材料

玫瑰花 5 克

做法

1. 取玫瑰花 10 克放入杯中，
冲入 2/3 杯 80℃热水。
2. 盖上盖子，静置 5 分钟后即可饮用。

小贴士

喝不完的玫瑰花茶还可以用来敷脸，内外皆美容。

茉莉花

JASMINE

别名：	末丽花、抹丽花
使用部位：	花
适用量：	每次约为 5 克
主要成分：	糖类、蛋白质、脂肪、茶多酚、氨基酸、皂苷、生物碱
不宜人群：	情绪易激动者

茉莉花为白色小花，香气袭人，是花卉中的佳品。茉莉花茶是将采摘来的含苞待放的茉莉鲜花与经加工干燥过的绿茶混合制成的再加工茶。

选购以香气持久无异味，口感柔和无异味者为最佳。置于密封、干燥、低温、避光处储藏。

▶ 功效

行气开郁： 茉莉花含有的挥发油性物质有行气止痛、解郁散结的作用，可缓解胸腹胀痛、里急后重等病症。

抗菌消炎： 茉莉花能抑制多种细菌，内服外用，可治疗目赤、皮肤溃烂等炎性病症。

美容养颜： 适当饮用，有消脂瘦身、美白护肤的作用，能防治痤疮、青春痘、黑斑等。

茉莉花茶

◆ **适应证** 便秘、肝炎、慢性支气管炎、角膜炎、皮肤溃烂等症

 材料

茉莉花 5 克

做法

1. 将茉莉花放入杯中，倒入开水。
2. 盖上盖子，闷 5 分钟左右即可饮用。

小贴士

茉莉花茶的冲泡可以选用干品或鲜品，干品茉莉花味道更浓郁些，鲜品茉莉花则相对清淡点，可两者结合泡味。

月季花

CHINESE ROSE FLOWER

别名：四季花、月月红、长春花、月月花

使用部位：花

适用量：每次 3 ~ 6 克

主要成分：挥发油、黄酮、维生素

不宜人群：脾胃虚弱者、孕妇

月季花，为蔷薇科、蔷薇属植物，素有"花中皇后"之称。月季花花期特长，适应性广，是世界上最主要的切花和盆花之一。

选购以紫红色、半开放的花蕾、不散瓣、气味清香者为佳。茶汤泡开后要看茶汤的颜色是否通红，如果通红就是加色素了。密封收贮于瓷缸内，避光、通风保存。

▶ 功效

行血活血：月季花能消肿、解毒、止痒，适用于月经不调、闭经痛经、血瘀肿痛等症。

排毒养颜：月季花能抗衰老、润肌肤，能够促进身体的新陈代谢，调节内分泌，紧致和美白肌肤，同时有很好的排毒作用。

月季花茶

◆ **适应证**　月经不调、闭经痛经、血瘀肿痛

材料

月季花 5 克

做法

1. 将月季花放入杯中，冲入 95~100℃的水。
2. 盖上盖子，闷 3 分钟左右，
　 待茶汤稍凉时即可饮用。

小贴士

　月季花茶虽有花香的气味，但其口感清淡、微酸，可以适当加入蜂蜜或冰糖调味，蜂蜜要待茶汤稍凉后再加入。

桃花

PEACH BLOSSOM

别名：桃华、玄都花

使用部位：花

适用量：每次约 3 克

主要成分：山柰酚、三叶豆苷、维生素 A、B 族维生素、维生素 C 等营养物质

不宜人群：孕妇

每每说到桃花，古诗词"桃之夭夭，灼灼其华""人面桃花相映红"便浮现在脑海中，我国古人很早便发现了桃花的美容价值，不仅仅是将其作为观赏植物，通过饮用桃花茶，拿桃花敷面等方法让女性容颜更美丽。

选购以自然粉色、完整的花朵为佳，不要选择零碎的、颜色晦暗的花朵。置于干燥、密封处保存。

▶ 功效

瘦身塑形：我国古代医学著作《千金要方》中记载有："桃花三株，空腹饮用，细腰身。"即空腹饮用桃花水、桃花茶，能减肥瘦身。

美白祛斑：桃花中含有的物质能够促进皮肤营养的供给，防止黑色素沉积，能有效地预防黄褐斑、雀斑，同时对防治皮肤干燥、粗糙也很有效。

桃花茶

◆ **适应证** 燥热便秘、小便赤短、水肿

 材料

桃花 3 克

做法

1. 将桃花放入茶杯中，倒入开水。
2. 盖上盖子，闷 5 分钟后即可饮用。

小贴士

桃花有泻下的作用，因此适合有便秘困扰的人群饮用。但是如果自己有便溏等症状的话就不要再喝桃花茶了。

木芙蓉

HIBISCUS MUTABILIS LINN

别名: 芙蓉花、拒霜花、木莲、地芙蓉、华木

使用部位: 花

适用量: 每次约 10 克

主要成分: 黄酮苷、花色苷、维生素、亮氨酸

不宜人群: 体质虚寒者、孕妇忌服

木芙蓉是一种大型花，花朵多呈白色、粉色、红色，中心有黄色的花蕊，花、叶均可用药。10 月采摘初开放的花朵，晒干后便成了木芙蓉花茶。

选购以外表完整饱满、新鲜干燥者且带有一种干爽的清香味为佳。而劣质的木芙蓉闻起来没有清香味、色泽暗淡、外表柔软，不宜选购。置于干燥、通风处保存。

▶ 功效

增强免疫力: 常服用木芙蓉花茶有利于改善体质，增强人体免疫力，还有清热解毒、消肿排脓的功效。

滋润养颜: 木芙蓉含有丰富的维生素 C，以花泡茶服用，有滋润养颜、美容护肤的作用。

活血止痛: 木芙蓉还有活血、止痛、消肿的作用，对于治疗烫伤、痤疮、吐血、崩漏等有良好的功效。

木芙蓉茶

◆**适应证**　肺热咳嗽、吐血、目赤肿痛、崩漏、腹泻、腹痛

材料

木芙蓉 10 克，蜂蜜适量

做法

1. 将木芙蓉放入杯中，倒入开水。
2. 盖上盖子，闷 5 分钟，待茶汤稍凉后调入蜂蜜搅拌均匀即可饮用。

小贴士

木芙蓉茶冷热饮皆可，口感都很好。如果喜欢木芙蓉深红的茶色，可以泡得久一点。木芙蓉不仅适合单泡，还可以搭配绿茶。

牡丹花

PEONY

牡丹花花色缤纷、雍容华贵，被誉为"花中之王""国色天香"，是富贵吉祥的象征，而关于牡丹的食用功效，李时珍曾提出："牡丹只取红、白两色用药。"其中，红色偏于利，白色偏于补，而其他品种的牡丹多是人工培育，气味不纯。

因此，选购牡丹应以红色、白色为佳，花朵干燥、完整者较好。置于阴凉、干燥处保存。

▶ 功效

养颜补气血: 牡丹花有养血和肝、散郁祛瘀的作用，常饮用可以补气血，使容颜红润、精神饱满，适于皮肤衰老、面色暗黄的女性食用。

缓解痛经: 牡丹花还有助于促进血液循环，有镇痛、降低高血压的作用，对缓解经期疼痛也有很好的功效。

牡丹花茶

◆ **适应证**　月经不调、痛经、气色差

🍶 材料

牡丹花 6 克，白糖 10 克

🍵 做法

1. 将牡丹花放入壶中，加入白糖，倒入开水。

2. 盖上盖子，闷 3 分钟后即可饮用。

小贴士

　　如果不加白糖，单纯泡牡丹花茶口感会有点微苦，建议加入白糖或冰糖，能使牡丹花茶的口感更好。

玳玳花

ORANGE BLOSSOM

别名: 回青橙、枳壳花、酸橙花

使用部位: 花

适用量: 每次 1.5 ~ 3 克

主要成分: 挥发油、柠檬酸、柠檬苦素、芳香醇等

不宜人群: 孕妇

玳玳花茶因其香味浓醇的品质和开胃通气的药理作用而深受消费者喜爱，被誉为"花茶小姐"，畅销华北、东北、江浙一带。

选购以外形细匀有锋苗；内质香气鲜爽浓烈，滋味浓醇，汤色黄明，叶底黄绿明亮者为最佳品。置于密封、干燥、避光处储藏。

▶ 功效

解郁理气: 玳玳花能疏肝和胃，主治胸中痞闷、脘腹胀痛、呕吐少食。

消脂: 玳玳花能促进血液循环，疏肝理气，适合脾胃失调而肥胖的人饮用。

止咳化痰: 玳玳花有破气行痰、散积消痞的作用，有治疗咳嗽、胃胀胃痛等功效。

镇静宁神: 玳玳花能镇定心情，缓解紧张情绪。

玫玫花茶

◆**适应证**　恶心呕吐、不思饮食、胸闷、腹痛

材料

玫玫花 3 克

做法

1. 将玫玫花放入杯中，冲入 90 ~ 95℃的水。
2. 盖上盖子，冲泡 5 分钟后即可饮用。

小贴士

　　玫玫花茶味甘、微苦，可以调入少许糖饮用，冰糖和白糖都可以，不过冰糖比较滋润，较白糖更为优。

玉兰花

MAGNOLIA

别名： 白玉兰、木兰、迎春花、望春、应春花、玉堂春、辛夷花

使用部位： 花

适用量： 每次6～9克

主要成分： 挥发油、维生素、氨基酸和多种微量元素

不宜人群： 发热、习惯性便秘、消化道溃疡、神经衰弱、孕产妇、儿童

　　玉兰花属木兰科植物，原产于长江流域。玉兰花采收以傍晚时分最宜，用剪刀将成花一朵朵剪下，浸泡在8～10℃的冷水中1～2分钟，再沥干，经严格的制造工艺制成花茶。

　　选购以外形条索紧结匀整，色泽黄绿尚润；内质香气鲜灵浓郁，有花香气者为最佳品。大包装用纸箱或麻袋，内衬铝箔或塑料袋；小包装用纸盒、瓷罐等低温保存在通风、避光处。

▶ 功效

　　消炎止痛： 玉兰花能入药治头痛、鼻窦炎等，有降压和气、消痰益肺、利尿化浊之功效。

　　强身健体： 玉兰花富含类黄酮及精油成分，能增进免疫功能，消除异味，抑制细菌生长。

　　润肤： 玉兰花有保湿、抗氧化的功效。

玉兰花茶

◆ **适应证**　高血压、高血脂、冠心病、动脉硬化、糖尿病、油腻食品食用过多、醉酒

 材料

玉兰花 3 克

做法

1. 将玉兰花放入壶中，然后倒入 90 ~ 100℃的水。

2. 盖上盖子，静置 3 ~ 5 分钟，之后将茶汤倒入茶杯中即可饮用。

小贴士

冲泡的玉兰花香味浓烈，头痛伴有鼻塞者，可以在饮用前先用口鼻吸入其蒸汽，这样可以有效缓解鼻塞哦。

玫瑰茄

ROSELLE

别名：洛神花、洛神葵、红金梅、红梅果、山茄

使用部位：花萼

适用量：每次约 10 克

主要成分：有机酸、维生素 C、多种矿物质和木槿酸等

不宜人群：胃酸过多者

玫瑰茄又称洛神花、洛神葵、山茄等，原产于西非、印度，目前在我国的广东、广西、福建、云南、台湾等地均有栽培。玫瑰茄茶有美容、瘦身、降压之功效，很适合现代女性饮用。

市面上有两款质量比较好的玫瑰茄，一款是暗红色，一款是透着鲜红色，以透着鲜红色者为佳。密闭存放在塑料袋或者罐子内，避免被氧化。

▶ 功效

清热解暑：玫瑰茄内含有人体所需氨基酸等成分，具有调节胃酸、清热、解暑的作用。

美容养颜：玫瑰茄含有维生素，有美容养颜的功效。

呵护心脑血管疾病：玫瑰茄中的木槿酸被认为对治疗心脏病、高血压、动脉硬化等病症有一定疗效。

玫瑰茄茶

◆**适应证**　肥胖、心血管疾病、便秘、喉咙发炎

材料

玫瑰茄9克，蜂蜜少许

做法

1. 将玫瑰茄用流动的水清洗表面杂质，放入壶中，冲入95℃左右的水。
2. 盖上盖子，闷8分钟左右，待茶汤稍凉后，调入少许蜂蜜后饮用。

小贴士

玫瑰茄带有淡淡的酸味，如果不怕酸或喜欢它原先的口感，可以不加蜂蜜。

百合花

LILY

别名：强瞿、番韭、山丹、倒仙

使用部位：花

适用量：每次 6 ～ 12 克

主要成分：还原糖、淀粉、钙、磷、铁、维生素 C 以及一些特殊的营养成分，如秋水仙碱等多种生物碱等

不宜人群：风寒咳嗽、虚寒出血、脾胃不佳者

百合花主要产于中国、日本，具有极高的医疗价值和食用价值。百合花茶是采用先进的科学技术将百合花加工配制而成，并且保持了百合花原有的生物活性，具有原生态的特性。

选购以外形紧细圆直匀整，有锋苗和白毫，略有嫩茎，色泽绿润，香气鲜灵浓厚清雅者为最佳。用玻璃罐子密闭存储，存放于避光、防潮、低温、通风处。

▶ 功效

宁心安神：百合对于神经衰弱的患者有食疗作用。记忆力减退、失眠多梦、头晕目眩、眼睛发黑甚至患有癔症，食用百合后会得到有效的治疗。

补阴退热：低温发热实属阴虚，百合可补阴并有消炎作用，多吃百合，此症可消。

百合花茶

◆**适应证**　阴虚久嗽、痰中带血、热病后期、虚烦惊悸、失眠多梦

材料

百合花 3 克

做法

1. 将百合花放入杯中，冲入 95℃左右的水。

2. 盖上盖子，闷 10 分钟后，待茶汤稍凉时即可小口品饮。

小贴士

　　百合花茶味甘微苦，可加入少许冰糖调味。泡好的花茶最好当日饮用完，喝隔夜花茶不仅达不到效果，对肠胃也不好。

桂花

OSMANTHUS FRAGRANS

别名: 九里香、木樨花、岩桂

使用部位: 花

适用量: 每次约 5 克

主要成分: 可溶性糖、可溶性蛋白、维生素 C、花青素

不宜人群: 习惯性便秘患者、睡眠状况欠佳的人

桂花叶为椭圆形，花小，黄或白色，味极香，含多种芳香物质，常用于糖渍蜜钱加工食品，民间百姓多以桂花泡茶或浸酒饮用。

选购以外形条索紧细匀整，色泽金黄，香气浓郁持久，汤色绿黄明亮，滋味醇香适口，叶底嫩黄明亮者为最佳品。置于密封、干燥、低温、避光处储藏。

▶ 功效

化痰止咳: 桂花中的芳香物质能稀释痰液，促进呼吸道痰液的排出，有化痰止咳的作用，还可缓解因上火而导致的声音沙哑。

止痛化瘀: 桂花能行气止痛、散瘀化痢。

保健作用: 桂花茶对口臭、视觉不明、荨麻疹、溃疡、胃寒胃疼等症有预防作用。

桂花茶

◆ **适应证**　气血虚弱、胃寒疼痛、牙痛、口腔异味

 材料

桂花 4 克

做法

1. 将桂花放入玻璃杯中，冲入95℃左右的水。
2. 盖上盖子，闷 3 ~ 5 分钟后即可饮用。

小贴士

桂花茶茶香浓厚而持久，味道醇香，饮后口齿留香。想缓解口气状况，拥有清新口气，便喝桂花茶吧！

菊花

CHRYSANTHEMUM

别名: 甜菊花、茶菊花

使用部位: 花

适用量: 每次约 3 克

主要成分: 挥发油、菊苷、腺嘌呤、氨基酸、胆碱、水苏碱

不宜人群: 体质虚寒、胃寒者

菊花除了极具观赏性，菊花茶的用途也很广泛，在家庭聚会、下午茶、饭后消食解腻的时候，菊花茶也常被作为饮品饮用。菊花产地分布广泛，自然品种繁多，主要有黄菊、白菊、杭白菊、贡菊、德菊、川菊、滁菊等。

选购菊花茶时注意区别产地，不同产地所产菊花茶色泽不同，品种各异。密封保存，避免高温直射。

▶ 功效

清热解毒: 菊花有清热解毒的作用，适用于热毒疮疡、红肿热痛等症，对疔疮肿痛毒尤有良好疗效，既可内服，又可捣烂外敷。

明目: 长期使用电脑工作易导致眼睛疲劳，常饮菊花茶对于保护眼睛有一定作用。

菊花茶

◆**适应证**　口干目赤、头晕目眩、高血压、头痛

材料

菊花3克，冰糖少许

做法

1. 将菊花放入壶中，放入冰糖，倒入适量开水。
2. 盖上盖子，闷5分钟左右，待菊花完全舒展开即可饮用。

小贴士

菊花香气清新，气味持久，加入几粒冰糖，可以使其味道更甘甜，夏日还可以将其冷藏后饮用。冬天热饮，夏天冷饮皆好。

洋甘菊

CHAMOMILE

别名： 罗马洋甘菊、德国洋甘菊、黄金菊

使用部位： 花

适用量： 每次3~10克

主要成分： 挥发油、类黄酮、脂肪酸、胆碱、单宁等

不宜人群： 孕妇及幼童

洋甘菊原产于欧洲，多栽种于德国、法国和摩洛哥，因此是西方引进的植物，现在中国南方也多有栽种，洋甘菊属菊科植物，花瓣为白色，中心为黄色，叶片毛茸茸的，植株不高。多用于精油、护肤品、制茶或药用。

选购以叶片完整、干燥不潮湿、颜色自然者为佳。置于阴凉、干燥处保存。

▶ 功效

改善睡眠： 洋甘菊味道甘香，很温和，对舒缓神经很有帮助，可以缓解烦躁的情绪，纾解压力，提升睡眠质量，改善失眠的状况。

明目： 洋甘菊花茶还有利于缓解眼睛疲劳，具有明目去肝火的作用。

增强免疫力： 洋甘菊花茶有利于增强机体免疫力，还有抗炎、抗过敏的作用，对防治感冒有很不错的功效。

洋甘菊花茶

◆ **适应证**　失眠、焦虑、糖尿病、关节炎

材料

洋甘菊 5 克

做法

1. 将洋甘菊放入壶中，倒入 90℃的水。

2. 盖上盖子，闷 10 分钟左右，待茶汤变成淡黄色时即可饮用。

小贴士

　　洋甘菊花茶是一种充满关爱的花草茶，十分温和，适宜儿童食用。给儿童食用时，可酌量添加蜂蜜，使其口感更好。

金银花

HONEYSUCKLE

别名：忍冬花、银花、鹭鸶花、苏花、金花、金藤花、双花、双苞花

使用部位：花

适用量：每次 5 ~ 20 克

主要成分：挥发油、黄酮、有机酸、矿物质

不宜人群：脾胃虚寒及气虚、疮疡、脓清者

金银花为忍冬科植物忍冬的花蕾，我国大部分地区均产，以山东产量最大，河南产的质量较佳。"金银花"一名出自《本草纲目》，由于此花初开为白色，后转为黄色，因此得名金银花。

选购以色泽自然、外形饱满、有自然香味的为佳，外形干瘪、颜色枯老的不宜选购。置于干燥、阴凉处保存。

▶ 功效

清热解毒：金银花自古便被誉为清热解毒的良药。可治疗温病发热、热毒血痢、肿毒等病症。

抗炎：药理研究发现，金银花对多种细菌有明显的抑制作用，适用于诸多炎症，如呼吸道感染、急性细菌性痢疾、婴幼儿腹泻、外科化脓性疾患等。

金银花茶

◆**适应证**　流行性感冒、风热感冒、腮腺炎、
热毒疮痈、痢疾患者

材料

金银花3克

做法

1. 将金银花放入玻璃杯中，冲入95℃的水。
2. 盖上盖子，冲泡3～5分钟，开盖后闻香气，
   待茶汤稍凉时饮用。

小贴士

如果想要味道更浓郁，可以用
煮的方法；金银花有些没有将花蒂
摘除干净，会有点苦味，可以加少
许蜂蜜或冰糖调和口感。

金盏花

MARIGOLD

别名： 金盏菊、黄金盏、长生菊

使用部位： 花

适用量： 每次约 10 克

主要成分： 多种维生素、类胡萝卜素、挥发油、苹果酸、黏液质

不宜人群： 孕妇、哺乳期妈妈、儿童及体寒、贫血者

金盏花属于菊科金盏菊属植物，原产于欧洲，18 世纪后从国外引进国内，经大力生产栽培，金盏花已成为我国重要的花草植物之一。花呈黄色或橙黄色，花期在 4～9 月，经采摘晒干后即成花茶。此外，金盏花可以作为化妆品原料、染料、护肤品，还可以制成食物调色剂或药用等。

选购以花朵饱满、色泽自然的金盏花为佳。置于干燥、阴凉处保存即可。

▶ 功效

改善月经不调： 金盏花又被称为"女性之花"，可以帮助改善女性体质，调理生理功能，经期不适或月经不调女性服用金盏花茶，能有效改善症状。

抗菌消炎： 金盏花有抗菌消炎的作用，特别是对葡萄球菌、链球菌效果较好，能有效消除皮肤发炎的烦恼。

金盏花茶

◆**适应证** 消化系统溃疡、月经不调、上火

材料

金盏花6克，蜂蜜少许

做法

1. 将金盏花放入壶中，倒入开水。
2. 盖上盖子，闷3~5分钟，
   加入少许蜂蜜调味即可。

小贴士

金盏花带着点苦味，因此单独饮用的时候可以加少许蜂蜜，复方饮用的时候适合和一些甜味较明显的花草一起搭配冲泡。

紫罗兰

VIOLET

别名: 草桂花、草紫罗兰

使用部位: 花

适用量: 每次约 10 克

主要成分: 挥发油等

不宜人群: 孕妇、低血压,虚寒体质者

紫罗兰花有着淡紫色的颜色,常常给人一种优雅而神秘的感觉。紫罗兰原产于欧洲,在欧洲各国极为流行并深受喜爱。其花语是"永恒的美",因此常常被用来赠予女性,表达内心的爱意。紫罗兰花香扑鼻,常常被作为观赏植物,同时也有很好的药用价值。

选购以花形干燥完整者为佳。置于阴凉、干燥、密封处保存。

▶ 功效

祛痰止咳: 常饮紫罗兰花茶有利于保养上呼吸道,具有祛痰止咳的疗效,对防治呼吸系统疾病(如支气管炎等)有很好的帮助。

解毒养颜: 紫罗兰还有消除眼睛疲劳、清热解毒、美白祛斑、防紫外线照射等功效。

紫罗兰茶

◆**适应证**　伤风感冒、喉咙痛、支气管炎、口中异味

材料

紫罗兰6克，冰糖少许

做法

1. 将紫罗兰、冰糖一起放入杯中，倒入开水。
2. 盖上盖子，闷3～5分钟后即可饮用。

小贴士

如果不加冰糖，紫罗兰茶的口感便会有点微苦；如果要回泡第二次，一般要闷8分钟才可。

勿忘我

FORGET ME NOT

别名： 勿忘草、星辰花、补血草

使用部位： 花

适用量： 每次 5 ~ 10 克

主要成分： 维生素等

不宜人群： 脾胃虚弱者、孕妇、
经期女性

勿忘我属于紫草科勿忘我草属植物，是一种生长在水边的多年生草本植物，开有浅蓝色、蓝紫色的小花，它有着"请不要忘记我""请想念我"的意思，青年男女间常常互赠勿忘我，表达深切、不舍分离的情意。

选购勿忘我花茶时以花形完整、干燥者为佳。置于阴凉、干燥处保存。

▶ 功效

养颜美容： 勿忘我花茶富含维生素C，能够促进机体新陈代谢，延缓细胞衰老，有很好的养颜美容作用，同时对雀斑、粉刺也有一定疗效。

滋阴明目： 勿忘我还具有滋阴补肾、清火明目、补血养血的作用，是健康女性的首选饮品。

勿忘我花茶

◆**适应证** 疔疮疖肿、皮肤粗糙、视物昏花、大便秘结、小便短黄

 材料

勿忘我 5 克

做法

1. 将勿忘我放入杯中，倒入开水。

2. 盖上盖子，闷 3 ~ 5 分钟后至茶汤变黄后即可饮用。

小贴士

　　勿忘我性寒，可以加入一些性温或性热的东西来平衡。单泡勿忘我花茶时，调入少许蜂蜜为佳。

千日红

GOMPHRENA GLOBOSA

别名: 火球花、百日红

使用部位: 花

适用量: 每次 3 ~ 9 克

主要成分: 皂素、氨基酸、维生素及多种微量元素

不宜人群: 无哮喘、呼吸道系统疾病者

千日红是在每年的 6 ~ 10 月花期采摘下来,既不会枯萎也不会变色,放入热水中需要经过长时间的浸泡,颜色才会逐渐变浅,因此得名"千日红",是深受人们喜爱的花草茶之一,其浸泡的花茶味道清淡,对咳喘有一定的功效。

选购千日红应以大小均匀、颜色呈鲜红或紫红色为佳。置于干燥、密封处保存。

▶ 功效

止咳平喘: 千日红对呼吸道疾病有很好的调节作用,对各种呼吸道疾病,如支气管哮喘、慢性支气管炎等都很有帮助,可以提高机体免疫力、止咳平喘。

养颜排毒: 常饮用千日红还有美容养颜、排毒散瘀、清肝明目等作用。祛斑、防紫外线照射等功效。

千日红花茶

◆**适应证** 咳嗽、哮喘、百日咳、小儿夜啼、目赤肿痛、肝热头晕、头痛、痢疾

 材料

千日红 5 克

做法

1. 将千日红放入杯中，冲入 90 ~ 100℃的水。
2. 盖上盖子，闷 10 分钟以上方可饮用。

小贴士

千日红的颜色难褪，因此冲泡的时间适宜长一点，方能让茶的颜色加深；千日红不适合与别的花草搭配，适合单独饮用。

红花

SAFFLOWER

别名：红蓝花、刺红花、草红花

使用部位：花

适用量：每次 5 ～ 10 克

主要成分：脂肪酸、类黄酮、固醇、木酚素等

不宜人群：孕妇、月经过多者、有出血倾向者

红花为菊科红花属植物的花，红花虽名为"红花"，但其花朵颜色一般呈黄色、红色或红黄相间的颜色。

红花与西红花是两种外形和药效相似的植物，红花是菊科红花的花，而西红花是鸢尾科番红花的柱头。西红花又叫番红花、藏红花，其均有活血化瘀的作用，但西红花的作用更强些，平常饮用花茶用红花泡水即可。

▶ 功效

活血化瘀：身体不适，有瘀血在体内时，可以服用或外用红花，均有很好的活血化瘀作用，有效改善血行不畅、散肿、静脉曲张、皮肤瘀青等症状。

行经止痛：女性痛经、闭经、月经不调或产后恶露不绝时，均可以服用红花茶做一下调理，效果颇佳。

红花茶

◆ **适应证**　闭经、难产、产后恶露不绝、高血压、
　　　　　　　动脉硬化、产后腹痛

材料

红花5克

做法

1. 将红花放入壶中，倒入适量开水。
2. 盖上盖子，闷5分钟左右即可饮用。

小贴士

　　可以根据个人的口味喜好，调
入少许蜂蜜，这样红花茶会更美味。
还可以加入山楂片，这样不仅口感
更好，也能加强通经的作用。

欧石楠

HEATHER

别名： 无

使用部位： 花

适用量： 每次不超过 10 克

主要成分： 矿物质、果酸

不宜人群： 孕妇及花粉过敏者

欧石楠是一种开有小小的吊钟般粉色花朵的植物，人们常常在夏季末的时候采摘粉色的小花作为花草茶饮用。欧石楠是挪威的国花，不惧怕寒冷，也能生长于荒原，十分的坚强。

应选择味道清淡、颜色粉红、还没有开花苞者为佳。置于阴凉、干燥处保存。

▶ 功效

利尿杀菌： 欧石楠中含有天然的抗菌成分，且能起到利尿的作用，因此对尿道感染尤其有帮助。

促进消化： 喝欧石楠茶有助于促进胃肠道蠕动，排出体内毒素，不仅有利于身体健康，也有利于美容养颜。

欧石楠茶

◆**适应证**　小便不利、关节炎、风湿痛、食欲不振

🏺 材料

欧石楠 10 克，蜂蜜少许

☕ 做法

1. 将欧石楠放入壶中，倒入开水。
2. 盖上盖子，闷 10 分钟左右，待茶汤稍凉后，
调入少许蜂蜜即可饮用。

小贴士

加蜂蜜的时候，一定要等茶汤变得温热后再加，否则茶汤温度过高会破坏蜂蜜的营养成分。

薄荷

MINT

别名：人丹草、龙脑薄荷、蕃荷菜、南薄荷

使用部位：叶

适用量：每次 3 ~ 10 克

主要成分：挥发油、类黄酮、单宁、苦味质

不宜人群：阴虚血燥、汗多表虚、脾胃虚寒、腹泻便溏者

薄荷的品种特别多，有荷兰薄荷、中国薄荷、凤梨薄荷、胡椒薄荷等，而我们用来浸泡饮用的薄荷多是使用胡椒薄荷，也叫做欧薄荷。薄荷的气味非常清新怡人，又不会因为气味太重而呛人，因此深受人们的喜爱。

建议选择叶子多的、颜色绿的，如果买回来的是盆栽，可以在家养几个月再食用，这样会更安全。

▶ 功效

疏风散热：薄荷茶具有疏风散热、利咽喉的作用，对于感冒引起的咽喉不适有很好的舒缓作用，同时还能促进疾病痊愈，尽快恢复健康。

提神醒脑：薄荷味道清香，在夏季饮用冰冻的薄荷茶不仅能提神醒脑，让人神清气爽，还能刺激食欲，减轻胀气。

薄荷茶

◆ **适应证**　外感风热、头痛目赤、咽喉肿痛

 材料

薄荷叶 5 克

做法

1. 将薄荷叶洗净，放入壶中。

2. 将开水倒入装有薄荷叶的壶中，盖上盖子，闷 5 分钟后饮用。

小贴士

　　一定要记得盖上盖子，这样可以防止薄荷叶中薄荷油的挥发，这样浸泡后的薄荷茶，其味道更清新怡人，效果更好。

甜菊叶

STEVIA

别名： 甜叶菊、甜草、糖草

使用部位： 叶

适用量： 每次 3 ～ 10 克

主要成分： 甜叶菊苷、甜叶菊素、固醇、黄酮

不宜人群： 无

甜菊叶，顾名思义，这是一种含有高甜度甜味成分甜菊糖的植物，甜菊叶虽然甜度很高，但却没有高热量，不会像普通蔗糖一样，让人们贪恋吃甜的，又担心肥胖，是一种新型的甜味剂，深受人们的喜爱。

选购甜菊叶时以叶片完整，不带虫洞或黑斑者为佳。置于干燥、阴凉处保存。

▶ 功效

消除疲劳： 经常饮用甜菊叶茶可以消除疲劳，且如果想要吃甜的但同时希望不要增肥，那么便可以单泡甜菊叶，享受花茶带来的美好。

其他： 研究表明，甜菊叶含有甜菊苷，能够养阴生津，如果经常感到口干口渴，也可以喝甜菊叶茶，同时还有利于辅助治疗糖尿病、高血压等。

甜菊叶茶

◆**适应证**　消渴、食欲不振、高血压

材料

甜菊叶 5 克

做法

1. 将甜菊叶放在壶中，倒入开水。
2. 盖上盖子，闷 10 分钟左右方可饮用。

小贴士

　　甜菊叶的甜度非常高，泡甜菊叶茶的时候可以先小口、少量饮用，如果觉得太甜的话再加点开水泡茶即可。

荷叶

LOTUS LEAF

别名： 莲叶、鲜荷叶、干荷叶、荷叶炭

使用部位： 叶

适用量： 每次 6 ~ 15 克

主要成分： 多种生物碱、维生素 C、糖类、植物纤维等

不宜人群： 体瘦气血虚弱者及孕产妇

荷叶为睡莲科植物莲的干燥叶，质脆，易破碎，微有清香气，味微苦，全国各地均有产。《本草纲目》中记载说荷叶、荷花、莲子、莲衣、莲房、莲须、莲子心、荷梗、藕节等均可药用。而荷叶茶更是被奉为减肥瘦身的良药，"荷叶减肥，令人瘦劣。"

选购时以色绿、干燥者为佳。置于干燥、密封处保存。

▶ 功效

排出毒素： 荷叶里含有大量的膳食纤维，可以促进肠道蠕动，从而有助排便，帮助排出体内毒素，预防便秘。

瘦身消脂： 荷叶中含有的茶瘦素可以提高机体的新陈代谢、消耗能量，从而使我们变成易瘦体质，不再担心吃什么都胖的问题啦，同时其所含有的芳香族化合物还能有效溶解脂肪，从而达到瘦身消脂的作用。

荷叶茶

◆ **适应证**　头痛眩晕、水肿、腹胀、泻痢、白带异常、便血、
崩漏、产后恶露不净、小便短赤、暑热烦渴

材料

荷叶 10 克

做法

1. 将荷叶放入杯中，倒入开水。
2. 盖上盖子，闷 5 ~ 8 分钟后即可饮用。

小贴士

荷叶茶冲浓一点，减肥效果
更佳。建议在饭前饮用，但是要避
开饭前半小时内饮用，以免影响食
物消化。饭后饮用应该间隔一小时
以上。

桑叶
MULBERRY LEAF

别名：绿萝、家桑、荆桑、桑葚叶

使用部位：叶

适用量：每次不超过 5 ~ 9 克

主要成分：多种维生素、矿物质、氨基酸、糖类和植物纤维

不宜人群：脾胃虚寒者

桑叶是桑科植物桑的干燥叶，叶片呈心脏形，顶端尖尖的，边缘有锯齿，呈浅绿或黄绿色。桑叶是药食同源的植物，在中医传统上更有"人参热补，桑叶清补"的美誉，也是国际食品卫生组织公认的"人类 21 世纪十大保健食品之一"。

选购桑叶时以叶形完整，没有虫洞，散发着自然清香味道的为佳。置于干燥、阴凉处保存。

▶ 功效

降血糖：桑叶中含有的 N- 糖化合物，具有抑制血糖上升的作用，可以降低血糖，有利于防治糖尿病。

消疮祛斑：有改善和调节皮肤新陈代谢的作用，对消除疮疤、抑制黑色素、减少老年斑的形成有积极作用。

减肥消脂：可以促进排尿，还能使体内多余的水分排走，同时还能"清血"，从而起到减肥消脂的作用。

桑叶茶

◆ **适应证**　风热感冒、发热头痛、咳嗽胸痛、肺燥干咳无痰、咽干口渴、目赤肿痛

🏺 材料

桑叶 8 克

☕ 做法

1. 将桑叶放入杯中，倒入 70 ~ 80℃温开水。
2. 盖上盖子，闷 5 分钟左右即可饮用。

小贴士

　　冲泡桑叶茶的时候不要用开水，以免破坏了桑叶中的营养成分，同时，桑叶虽有降血糖、减肥、祛斑的功效，但不能饮用过量。

菩提

LINDEN LEAVES

别名：安神菩提

使用部位：花、叶

适用量：每次 5 ~ 10 克

主要成分：生物类黄酮、维生素、挥发油

不宜人群：孕妇

我们这里所说的菩提叶茶不是菩提树的叶子，而是欧洲常见的椴树的叶子，它的味道十分清浅，给人一种安心的感觉。在欧洲，如果孩子总是多动不安，妈妈们便会泡一杯菩提叶茶给他喝，因此，菩提叶茶又被称为"母亲茶"。

选购时以闻起来有一股淡淡的清香、叶片完整、干燥者为佳。置于干燥、阴凉处保存。

▶ **功效**

安神助眠：菩提叶有淡淡的清香，有很好的安神作用，对于烦躁不安的儿童或失眠焦虑的大人都能起到安抚作用。

其他：菩提叶茶还有促进新陈代谢、促进胃肠道蠕动、排出毒素、缓解感冒症状等作用。

菩提叶茶

◆**适应证**　高血压、动脉粥样硬化、肥胖、失眠、焦虑

🏺 材料

菩提叶 10 克，蜂蜜少许

🍵 做法

1. 将菩提叶剪成小片后，放入壶中，倒入开水。

2. 盖上盖子，闷 10 分钟，待茶汤稍凉后，加入少许蜂蜜调味即可。

小贴士

　　将菩提叶剪成小片后不仅不会太占地方，还能使其有效成分更好地释放出来，使茶汤效果更佳。

迷迭香

ROSEMARY

别名：海洋之露、艾菊

使用部位：叶

适用量：每次 4 ~ 6 克

主要成分：类黄酮、迷迭香酸、三萜烯酸、单宁、苦味质、树脂

不宜人群：孕妇、高血压患者

迷迭香叶子呈狭细尖状、绿色，散发着一股浓郁的独有香味，广泛应用于精油、食物调料、医药、空气清新剂、香料上。迷迭香喜欢在温暖气候里生长，而且不需要过度的灌溉，一般成长得越好的迷迭香其香味越浓郁，而过度灌溉会使其味道变淡。

选购时以味道较浓郁、干燥的为佳。置于干燥、密封处保存。

▶ 功效

提神醒脑：迷迭香的香味能够振奋人的精神，使大脑保持清醒，集中注意力。此外，食用迷迭香还有助于增强记忆力、提神醒脑。

收敛作用：迷迭香具有收敛的作用，能够促进血液循环，使肌肤代谢正常，保持容颜美丽。还能够刺激毛发的再生，有美容美发的作用。

迷迭香茶

◆ **适应证**　伤风、腹胀、肥胖、健忘、头痛

材料

迷迭香 3 克

做法

1. 将迷迭香放入壶中，倒入开水。
2. 盖上盖子，闷 15 分钟左右即可饮用。

小贴士

迷迭香叶是较硬的革质叶，所以泡的时间要稍微长一点；迷迭香有振奋精神的作用，因此睡觉前最好不要饮用，以免影响睡眠。

柠檬草

LEMON GRASS

别名： 香茅、柠檬香茅、香茅草

使用部位： 叶

适用量： 每次 3 ~ 6 克

主要成分： 挥发油、维生素

不宜人群： 体质虚弱者、孕妇

柠檬草原产于热带地区，如印度、斯里兰卡等，引入中国后，也是种植于广东、海南等炎热地带。柠檬草在越炎热的气候里，生长得越好，香味也越浓郁，在庭院种植能起到驱逐蚊虫的作用。

选购时应选择根茎较粗大、香味较浓的为佳。置于密封、干燥处保存。

▶ 功效

抗菌消毒： 柠檬草具有抗菌消毒的作用，饮用柠檬草茶，有助于清洁胃肠道，杀菌消毒，呵护胃肠道健康，还可以用来治疗胃肠炎、腹泻等胃肠道疾病。

美容美发： 柠檬草含有大量的维生素 C，可以调节油脂分泌，油性肤质和发质的女性常饮柠檬草茶可以美容美发。

柠檬草茶

◆ **适应证**　风湿疼痛、头痛、胃痛、腹痛、腹泻、月经不调、产后水肿、瘀血肿痛

材料

柠檬草 6 克

做法

1. 将柠檬草放入壶中，倒入开水。
2. 盖上盖子，闷 10 分钟后，待茶汤稍凉后即可饮用。

小贴士

柠檬草能够促进消化，因此有减肥的功效，但是注意不要空腹饮用，以免伤胃。

柠檬马鞭草

LEMON VERBENA

别名：防臭木、香水木

使用部位：叶

适用量：每次 4.5 ~ 9 克

主要成分：马鞭草苷、苦杏仁酶、
鞣质、β–胡萝卜素、挥发油

不宜人群：孕妇

柠檬马鞭草属于马鞭草科马鞭草
属的植物，但是柠檬马鞭草含有丰富
的挥发油，其散发着浓烈的如柠檬的
香气，因此才获得了"柠檬马鞭草"
的称号。柠檬马鞭草过去多被用来制
成精油或制成食物调味品，将其干燥
制成的花草茶还有瘦腿、消肿的作用，
在花草茶中颇受欢迎。

选购时以干品有香气、干燥的为
佳。置于密封、干燥处保存。

▶ 功效

瘦身塑形：经常久坐的人容易导致
下半身出现水肿，饮用柠檬马鞭草茶可以
有效改善水肿问题，起到瘦腿塑形的作用。

促进消化：柠檬马鞭草茶还有助于
消除恶心感、促进消化、增强食欲。

提神镇静：柠檬马鞭草可以舒缓紧
张的情绪，改善失眠、焦虑的症状，强化
神经系统，具有提神醒脑的作用。

柠檬马鞭草茶

◆ **适应证**　外感发热、湿热黄疸、水肿、痢疾、疟疾、白喉、淋病、经闭、痛经

 材料

柠檬马鞭草 3 克

做法

1. 将柠檬马鞭草放入杯中，倒入开水。
2. 盖上盖子，闷 3 ~ 5 分钟后即可饮用。

小贴士

　　柠檬马鞭草茶带有微微的柠檬香味，茶汤呈淡绿色，为了让口感更好，可以加入少许蜂蜜或枫糖。

香蜂草

LEMON BALM

別名：蜜蜂花、薄荷香脂、蜂香脂

使用部位：叶

适用量：每次不超过 10 克

主要成分：挥发油、单宁、氨基酸、维生素

不宜人群：无

香蜂草是十分耐寒的植物，它很受蜜蜂的喜欢，而且有一股柠檬的香味，因此也被称为"柠檬香蜂草"。它的叶子外形与薄荷相似。香蜂草的叶子表面有一层茸毛，而且边缘有明显的锯齿状，因此仔细观察还是可以区分开的。且香蜂草的味道似柠檬，而薄荷有其独特的清凉味道。

选购时以散发着浓烈柠檬芳香的为佳。置于干燥、阴凉处保存。

▶ 功效

促进食欲：香蜂草茶口感清爽香甜，饭前饭后饮用皆适宜，可以促进消化、增进食欲，十分适合在夏天或胃口不佳的时候饮用。

舒缓情绪：香蜂草可以舒缓情绪，使人放松心情，让人心情感到愉悦，同时还能改善睡眠质量。

香蜂草茶

◆ **适应证**　头痛、腹痛、牙痛、高血压、食欲不振

 材料

香蜂草 5 克

做法

1. 将香蜂草放入杯中，倒入开水。
2. 盖上盖子，闷 5 分钟左右即可饮用。

小贴士

香蜂草茶饭前饭后饮用皆可，还可以根据个人口味调入少许柠檬汁或蜂蜜。

玉蝴蝶

SEMEN OROXYLI

别名： 木蝴蝶、白玉纸、千张纸

使用部位： 种子

适用量： 每次 6~9 克

主要成分： 挥发油、有机酸、黄酮、木蝴蝶素

不宜人群： 脾胃虚寒者

玉蝴蝶为紫葳科植物玉蝴蝶的种子，因为略似蝴蝶形而得名。玉蝴蝶茶主要摘取玉蝴蝶种子进行冲泡，既是云南少数民族的一种民间茶，又是一味名贵中药。

选购以外形似蝴蝶，颜色米黄无光，汤色黄亮，有一股茶香味，叶底透亮，薄如蝉翼，滋味清爽者为最佳。将玉蝴蝶茶装进暖水瓶中，用白蜡封口并裹胶布，放置在阴凉、干燥处保存。

▶ 功效

强身健体： 玉蝴蝶茶可以美白肌肤、降压减肥，并能促进机体新陈代谢，延缓衰老，提高免疫力。

润嗓润喉： 玉蝴蝶能清肺热、利咽喉，对支气管炎、咳嗽、咽喉肿痛、扁桃体炎有效。

玉蝴蝶茶

◆ **适应证**　慢性支气管炎、咳嗽、咽喉肿痛、扁桃体炎

材料

玉蝴蝶 5 克

做法

1. 将玉蝴蝶放入杯中，冲入 95℃左右的水。
2. 盖上盖子，闷 5 分钟左右，即可饮用。

小贴士

　　冲泡玉蝴蝶茶时，可以加入一些蜂蜜或冰糖调味，借此来丰富玉蝴蝶茶的口感，还可以搭配其他花草茶饮用。

第三章

让女人更美丽的花草茶饮

都说女人是水做的，为了保持皮肤水润不干燥，女人们在对皮肤的保养及日常的饮水方面也要多关注，而饮用花草茶不仅可以补水还可以养颜，两者兼得哦！

美白护肤

　　俗话说"一白遮百丑"，拥有白皙、光滑的好皮肤是每个爱美女性的追求，在做好皮肤护理、调整作息时间、注意饮食的同时，还可以通过品饮花草茶调理好内在的体质。

　　很多花草茶不仅有美白护肤、淡化斑点的作用，还能够调理体质，使我们不仅有好的皮肤，还有好的气色。

润肤红茶

材料

菊花 5 克，芦荟 50 克，红茶叶 3 克，蜂蜜适量

做法

1. 将芦荟去皮，取出内层白肉，切块。
2. 将芦荟肉、菊花和红茶叶一起放入锅中，煎煮 20 分钟，滤出茶汤，倒入杯中。
3. 待茶汤稍凉后，调入蜂蜜，搅拌均匀即可。

茶效

芦荟具有清热、通便、杀虫的功效，红茶能消炎杀菌，清热解毒；菊花具有疏风、清热、明目、解毒的功效。三者为茶，可滋阴清火、安神静心，缓解皮肤干燥，让肌肤恢复弹性。

小贴士 ● 芦荟去皮的时候不宜去得过多，以免损失了营养物质。

★**禁忌** 月经来潮、孕妇忌饮此茶。

扫一扫看视频

玫瑰柠檬茶

◆**适应证** 肝郁气滞、上火、面部生斑

🍶 材料

玫瑰花 10 克，柠檬 1 片

🌿 做法

1.将玫瑰花放入壶中，倒入开水。

2.盖上盖子，闷 5 分钟左右，待茶汤稍凉后放入柠檬片，再泡 1 分钟后即可饮用。

茶效

玫瑰花具有调理血气、促进血液循环、养颜美容的功效，
柠檬具有延缓皮肤衰老的功效。
此款茶饮具有美白嫩肤、延缓衰老的作用。

花草随笔

柠檬含维生素 C、维生素 B_1、维生素 B_2、维生素 B_3、奎宁酸等成分。柠檬能增强血管弹性和韧性，可以生津解暑、开胃醒脾，能有效预防和治疗高血压和心肌梗死症状。此外，柠檬皮的祛痰功效比柑橘强。

小贴士 ● 柠檬片最好切得薄一些，这样便能缩短泡茶的时间。

★**禁忌** 经期女性、孕妇不宜饮用。

淡斑美白茶

🫙 材料

红花2克，玫瑰花、牡丹花各5克，白芷3克

🍵 做法

1. 将白芷撕成小块，与玫瑰花、牡丹花、红花一起放入壶中，
倒入适量开水刚好没过茶材。
2. 轻轻摇晃茶壶，将第一次茶水倒出，再倒入300~500毫升开水。
3. 盖上盖子，闷15分钟后即可饮用。

茶效

白芷有美白肌肤、养颜护肤的功效，红花具有活血通经、美容祛斑的功效，
玫瑰花能起到平衡内分泌、补血气的作用。常饮此款茶饮，可美白护肤、
养颜淡斑。

花草随笔

白芷主要产于四川、浙江、山西、江苏、河南、河北等地，含欧前胡素、白芷毒素等成分。白芷具有解表散风、通窍、止痛、燥湿止带、消肿排脓的功效，可用于治疗外感风寒、齿痛、寒湿腹痛、皮肤燥痒等症。

小贴士 ● 将白芷撕成小块是为了让其有效成分更好、更容易析出。

★禁忌 经期女性、孕妇不宜饮用。

莲花心金盏茶

◆ **适应证** 肤质暗沉、肝郁气滞

材料

薄荷 4 克， 莲花心、金盏花、紫罗兰各 5 克，玫瑰花 6 克

做法

1. 将新鲜薄荷洗净，用热开水冲一遍；将所有干燥花先用开水浸泡 30 秒再沥干。
2. 将所有材料放入壶中，冲入 500 ~ 600 毫升开水。
3. 浸泡约 3 分钟即可饮用。可回冲 2 次，回冲时需浸泡 5 分钟。

茶效

莲花心具有清热止血、固精涩精、安神宁心的功效，
金盏花具有消炎抗菌的功效。
常饮此款茶饮具有美白嫩肤、宁心安神的作用。

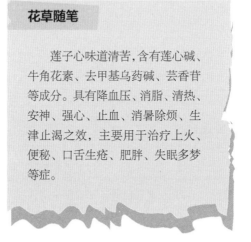

花草随笔

　　莲子心味道清苦，含有莲心碱、牛角花素、去甲基乌药碱、芸香苷等成分。具有降血压、消脂、清热、安神、强心、止血、消暑除烦、生津止渴之效，主要用于治疗上火、便秘、口舌生疮、肥胖、失眠多梦等症。

小贴士 ● 第一次浸泡清洗干燥花的时间不宜太长，以免减轻花香味。

★**禁忌** 气虚胃寒、食少泄泻者不宜饮用。

瘦身塑形

很多女性都希望拥有苗条的身材，瘦身塑形也成了现在人们常关注的话题之一。除了运动锻炼、控制饮食等方式外，一些利水消脂的花草茶也能帮助女性瘦身。

花草茶虽有助于瘦身，但每次饮用不能贪多，要适量，并长时间坚持方见成效。

柠檬草瘦腿茶

◆ **适应证** 肥胖、水肿

材料

迷迭香 5 克，柠檬草、
柠檬马鞭草各 10 克

做法

1. 将上述材料一起放入壶中，
倒入适量开水刚好没过茶材。
2. 轻轻摇晃茶壶，将第一次茶水倒出，
再倒入 300~500 毫升开水。
3. 盖上盖子，浸泡约 3 分钟后，即可饮用。

茶效

柠檬草具有健胃利尿、滋润皮肤的功效，
柠檬马鞭草具有提神宁心、
消除呕心、促进消化的功效。
此款茶饮具有消除下半身水肿、
消除体内多余水分、
美化双腿曲线的作用。

小贴士 ● 煮好的茶汤中可加入少许冰糖，能减轻茶汤的苦味。

★ **禁忌** 肠胃虚寒者不宜多饮。

草本瘦身茶

◆ 适应证　肥胖

🫙 材料

山楂 10 克，玫瑰花 5 克，薄荷 4 克，陈皮、决明子、甘草各 3 克

🍵 做法

1. 将以上所有材料一起放入壶中，倒入适量开水刚好没过茶材。
2. 轻轻摇晃茶壶，将第一次茶水倒出，再倒入 300~500 毫升开水。
3. 往茶杯中倒入沸水温杯，然后弃掉，茶水冲泡 15 分钟后即可饮用。

茶效

玫瑰花具有理气活血的功效；决明子具有清热明目、润肠通便的功效，
山楂具有消食化积、行气散瘀的功效。
此款茶饮具有清热消食、排毒养颜、纤体瘦身的作用。

花草随笔

陈皮为芸香科植物橘的果皮，含橙皮苷、川陈皮素、柠檬烯、α-蒎烯等成分。中医讲陈皮具有"其治百病，总取其理气燥湿之功。"即陈皮同补药则补，同泻药则泻，此外，其还有理气健脾、燥湿化痰之效，主治腹胀腹痛、消化不良、咳嗽气喘等症。

花草随笔

决明子含大黄酚、大黄素、大黄酸、大黄素蒽酮、决明素、橙黄决明素等成分。具有清肝、明目、利水通便的功效，能有效治疗风热赤眼、高血压、高血脂、肝炎、肝硬化、腹水、习惯性便秘等症。

小贴士 ● 决明子不宜用温水清洗，以免损失了药用价值，也可以直接浸泡饮用。

★**禁忌** 脾虚、泄泻、低血压患者不宜饮用。

玫瑰荷叶茶

◆适应证　胃胀胃满、肥胖

材料

红玫瑰、干荷叶、菊花、决明子、橘皮、
冰糖各3克

做法

1.往杯中倒入开水，温杯后弃水不用。
2.将红玫瑰、干荷叶、菊花、决明子、橘皮、
　冰糖放入杯中，
　倒入适量开水刚好没过茶材。
3.轻轻摇晃茶杯，将第一次茶水倒出，
再倒入适量开水，泡5分钟后即可饮用。

茶效

红玫瑰具有和血散瘀、养颜、降火的功效，
荷叶具有清热解毒、凉血止血的功效，
决明子有清肝、明目、利水通便的功效。
此款茶饮具有降血脂、和胃消肿、
清热凉血、瘦身的功效。

小贴士 ● 选用的干荷叶不宜太碎，以免茶汤的茶渣太多，影响口感。

★禁忌 体瘦、气血虚弱者不宜饮用。

扫一扫看视频

三花纤体茶

◆**适应证**　肥胖、高脂血症

🏺 材料

玫瑰花、茉莉花、玳玳花各 5 克，干荷叶 10 克

🍵 做法

1. 将干荷叶剪小块，与玫瑰花、茉莉花、玳玳花一起放入壶中，倒入适量开水刚好没过茶材。

2. 轻轻摇晃茶壶，将第一次茶水倒出，再倒入 300~500 毫升开水。

3. 盖上盖子，闷 8 分钟后即可饮用。

茶效

小贴士 ● 茶杯最好先用温水清洗一下，以免突然遇热，致使杯身裂开。

★**禁忌** 经期女性、孕妇不宜饮用。

玫瑰花具有理气解郁、和血散瘀的功效，茉莉花具有舒筋活血、健脾利胃的功效，玳玳花有促进血液循环、疏肝理气的功效。此款茶饮适合脾胃失调的肥胖者饮用。

安神好眠

　　睡眠不好的人多有失眠、多梦易惊、神疲困倦、精神恍惚的症状。许多人都有失眠的体会，尤其是现代社会，工作压力、生活环境恶劣及种种不好的境遇，再加上疾病缠身等，都会导致失眠的发生。

　　建议选用一些具有宁心安神、镇静作用的花草茶进行茶疗，可以有效地改善失眠症状。

一夜好眠茶

◆**适应证**　失眠、神经衰弱

材料

薰衣草 5 克，洋甘菊 6 克

做法

1.先将薰衣草、洋甘菊放入滤茶袋中，放入壶中，冲入开水。

2.轻轻摇晃茶壶，将第一次茶水倒出，再倒入 300~500 毫升开水。

3.盖上盖子，静置 3 ~ 5 分钟即可饮用。

茶效

薰衣草具有松弛神经、舒缓压力、改善睡眠的功效，
洋甘菊具有美容护肤、养心安神的功效。
此款茶饮具有改善睡眠的作用。

小贴士 ● 薰衣草具有催经作用，孕妇避免使用。某些气喘患者也应避免使用，以免 引起过敏。

★**禁忌** 孕妇不宜饮用。

沉静舒眠茶

◆**适应证** 痤疮、失眠、牙痛、经痛

🏺 材料

薰衣草 5 克，洋甘菊 8 克，菩提叶、
香蜂草各 3 克

🍵 做法

1. 将所有材料一起放入壶中，
倒入适量开水刚好没过茶材。
2. 轻轻摇晃茶壶，将第一次茶水倒出，
再倒入 300~500 毫升开水。
3. 盖上盖子，静置 2 ~ 3 分钟后，
即可饮用。

茶效

薰衣草具有舒缓紧张情绪、
镇定心神的功效，洋甘菊具有护肤、
养心安神的功效，菩提叶具有安神、
排毒的功效。此款茶饮具有安神、
助眠的作用。

小贴士 ● 由于睡前喝水，容易造成次日醒来脸部水肿，所以建议在睡前一小时饮用。

★**禁忌** 孕妇不宜饮用。

薰衣草舒眠茶

◆**适应证**　痤疮、失眠、口臭

🫖 材料

薰衣草 5 克，紫罗兰 10 克

☕ 做法

1.热水倒入壶中湿壶后倒出，放入薰衣草、
　紫罗兰，倒入适量开水刚好没过茶材。

2.轻轻摇晃茶壶，将第一次茶水倒出，
　再倒入 300~500 毫升开水。

3.盖上盖子，3 ~ 5 分钟后即可饮用。

茶效

薰衣草具有舒缓压力、松弛神经、
改善睡眠的功效，紫罗兰具有消除疲劳、
清热解毒、清火养颜的功效。
此款茶饮具有改善睡眠的作用。

小贴士 ● 因为紫罗兰的味道微苦，可以加入少许冰糖调味，使口感更好。

★**禁忌** 孕妇不宜饮用。

桂花减压茶

🏺 材料

桂花 10 克，甘草少许

☕ 做法

1. 将桂花、甘草一起放入壶中，再往壶中冲入开水，刚好没过茶材。
2. 轻轻摇晃茶壶，将第一次茶水倒出，再倒入 300~500 毫升开水。
3. 盖上盖子，静置 5 分钟后即可饮用。

茶效

桂花有缓解压力、清香提神的功效，甘草可补脾益气、清热解毒、缓急止痛。
此茶饮可化痰散瘀、缓解压力，让你的身心获得释放，睡前饮用有助于促进睡眠。

花草随笔

甘草是一种补益中药，临床分生甘草与炙甘草。炙甘草偏于补中益气、缓急止痛，可治脾胃虚弱、食欲不振、腹痛便溏、劳倦发热、咳嗽、心悸等症。而生甘草则善于清热解毒、祛痰止咳、调和药性，可治咽喉肿痛、痈疽创伤等症。

小贴士 ● 甘草有着淡淡的甘甜，因此这款茶饮无需再调入白糖或蜂蜜也很好喝。

★**禁忌** 服减肥药者不宜饮用。

滋补养颜

　　皮肤干燥、粗糙、无光泽，出现皱纹，眼睛干涩、不水灵，牙齿暗黄、口气不清新，头发发黄、白发等都是让女性备受困扰的问题。

　　而花草茶中含有的有效成分可以滋润肌肤、乌发养发、明亮双眸、清新口气等，而且对各个年龄段的人群都极有效，在日常生活中可以常喝花草茶。

玫瑰洋甘菊陈皮茶

◆**适应证** 皮肤弹性低、皱纹、面色暗黄

材料

玫瑰花 5 克，薰衣草、陈皮各 3 克，洋甘菊 15 克

做法

1. 将玫瑰花、薰衣草、陈皮、洋甘菊一起放入壶中，倒入适量开水刚好没过茶材。
2. 轻轻摇晃茶壶，将第一次茶水倒出，再倒入 300~500 毫升开水。
3. 盖上盖子，闷 10 分钟后即可饮用。

茶效

玫瑰花有调理血气、促进血液循环、养颜美容、消除疲劳的作用，
洋甘菊具有养颜美容、调节内分泌失调的功效。
此款茶能为皮肤增加水分和光泽，
还有补气血、抗皱美肤的作用。

小贴士 ● 可以将陈皮掰成小瓣，这样更容易析出其有效成分。

★**禁忌** 孕妇不宜饮用。

黑芝麻桑叶茶

◆适应证　发枯发落、眼花、头发早白

材料

黑芝麻 60 克，桑叶 18 克

做法

1. 将黑芝麻略炒，与桑叶共研为末，混匀备用。
2. 每次取混合物 9 克，放入杯中，用沸水冲泡后饮用。

茶效

黑芝麻具有润肠通乳、补肝益肾、养发强身的功效，
桑叶具有散风清热、凉血明目的功效。
此款茶饮具有乌发、明目的作用。

花草随笔

黑芝麻中含有蛋白质、脂肪、亚油酸、膳食纤维、多种维生素、卵磷脂、钙、铁、镁等成分。其具有预防皮炎、降低胆固醇、乌发明目的作用。

小贴士 ● 生黑芝麻有点微苦，将黑芝麻略炒后口感会更好一点，但要注意把握火候，别炒焦了。

★禁忌 慢性肠炎、便溏腹泻、阳痿、遗精患者忌饮用。

枸杞菊花茶

◆**适应证** 头晕、眼干、眼涩、气虚

材料

枸杞、菊花各3克，甘草、淡竹叶各2克，冰糖适量

做法

1. 往杯中倒入开水，温杯后弃水不用。
2. 将枸杞、菊花、甘草、淡竹叶一起放入杯中，倒入适量开水刚好没过茶材。
3. 轻轻摇晃茶杯，将第一次茶水倒出，再倒入适量开水，泡5分钟后即可饮用。

茶效

菊花具有散风清热、解毒消肿、健脑明目的功效，枸杞具有滋阴润肺、补肝明目的功效。此款茶饮具有清热明目的作用，常饮此款茶饮，可还你水灵灵的明眸。

花草随笔

枸杞富含B族维生素、维生素C、甜菜碱、胡萝卜素、烟酸、钙、磷、铁及多种氨基酸等成分。其具有滋补肝肾、益精明目、润肺止咳的功效，主治头晕目眩、腰膝酸软、虚劳咳嗽、消渴等症。

小贴士 ● 菊花清洗的时间不宜太长，以免丢失了菊花的清香味。

★**禁忌** 外邪实热、脾虚有湿、泄泻者忌饮用。

桑叶桑葚茶

材料

桑叶 15 克，桑葚 20 克，乌龙茶适量

做法

1. 将桑叶、乌龙茶稍洗，倒入开水冲泡 10 分钟，滤取汁。
2. 桑葚压碎入茶包挤汁，入茶汁调匀即可饮用。

茶效

桑叶具有清热解毒的作用，可以改善身体内热引起的头痛、
口渴、眼睛红肿等现象，桑葚具有补血养颜的功效。
此款茶饮有美容养颜、调理补血的作用。

花草随笔

桑葚色泽紫红，质地油润，甜酸可口，故又为入夏的时令水果，其富含蛋白质、纤维素、糖类等营养成分。其含有的脂肪酸具有分解脂肪、降低血脂、防止血管硬化等作用。此外，桑葚还有乌发、明目、滋阴养血、延缓衰老等作用。

小贴士 ● 冲泡茶饮的水不用太多，茶汤可以泡得浓一点，这样饮用效果更佳。

★禁忌 孕妇不宜饮用。

柠檬草净化茶

材料

柠檬草、菩提叶各5克，甜菊叶2克，柠檬片适量

做法

1. 将柠檬草、菩提叶、甜菊叶放入杯中，倒入适量开水刚好没过茶材。
2. 轻轻摇晃茶壶，将第一次茶水倒出，再倒入300~500毫升开水。
3. 盖上盖子，闷3分钟左右，放入柠檬片，再浸泡1分钟后饮用。

茶效

菩提叶具有安神、排毒的功效，柠檬草具有健胃利尿、预防贫血、
滋润皮肤的功效。此款茶饮具有排毒润肤、
杀菌消炎、促进代谢的作用。

小贴士 ● 柠檬净化茶泡好后还可以加入几滴柠檬汁，茶香会更浓郁。

★禁忌 儿童和孕产妇不宜饮用。

玫瑰养颜茶

◆**适应证**　气血虚、面色不佳、皮肤衰老

材料

玫瑰花、金盏花各 6 克，洋甘菊 4 克

做法

1. 将所有材料一起放入壶中，
   倒入适量开水刚好没过茶材。
2. 轻轻摇晃茶壶，将第一次茶水倒出，
   再倒入 300~500 毫升开水。
3. 盖上盖子，闷 10 分钟后即可饮用。

茶效

玫瑰花能起到平衡内分泌、补血气、
调理肝胃的功效，洋甘菊有抗老化、
润泽肌肤的功效。
此款茶饮有理气活血、调理肠胃、
滋补养颜的作用。

小贴士 ● 在泡茶时，要盖紧盖子，以免花茶的清香渗出，影响花茶香味。

★**禁忌** 经期女性、孕妇不宜饮用。

调经止痛

　　大多女性都备受经期的困扰，痛经是指在经期或经期前后，腹部出现的阵发性疼痛，轻者忍一忍也就过去了，重者常常难以忍耐，需要吃止痛药或打止痛针才能缓解。

　　女性可以饮用具有活血化瘀、调经止痛的花草茶可缓解痛经、经期紊乱的症状。

金盏玫瑰茄茶

◆ **适应证** 瘀血闭经、痛经

材料

金盏花、玫瑰茄各 5 克，玫瑰花 10 克，蜂蜜适量

做法

1. 将金盏花、玫瑰茄、玫瑰花一起放入壶中，倒入适量开水刚好没过茶材。
2. 轻轻摇晃茶壶，将第一次茶水倒出，再倒入 300 ～ 500 毫升开水。
3. 盖上盖子，闷 3 ～ 5 分钟，茶汤稍凉后，再调入蜂蜜，搅拌均匀后即可。

茶效

玫瑰花具有和血散瘀、理气解郁等作用，经常用于治疗月经不调、赤白带下以及肠炎等病症，金盏花可以舒缓女性痛经症状，玫瑰茄有益于调节和平衡血脂。此茶饮能活血化瘀、痛经止痛。

小贴士 ● 冲泡的开水不宜太多，以免减淡了茶汤的花香味。

★**禁忌** 血虚无瘀者不宜饮用。

益母草红糖茶

◆ **适应证**　月经不调、难产、产后血晕

🏺 材料

玫瑰花 10 克，益母草 6 克，红糖少许

🍵 做法

1. 将益母草和玫瑰花分别洗净，再一同放入茶壶中，倒入适量开水冲泡。
2. 加少许红糖拌匀，静泡 8 分钟左右即可。

茶效

玫瑰花具有理气解郁、和血散瘀的功效，
益母草具有活血化瘀、
利水调经的功效。
此茶饮具有理气活血、调经止痛的作用。

花草随笔

益母草自古以来就是活血调经的良药，对于妇科疾病有独特的治疗和调理效果，其还能够增强免疫细胞的活力，可抗氧化、抗衰老、抗疲劳，具有相当不错的益颜美容、抗衰老功效。

小贴士 ● 益母草有些苦，可以根据个人的口味喜好，加入适量红糖调味。

★ **禁忌**　阴虚血少、孕妇忌饮用。

扫一扫看视频

红花益母草茶

◆ **适应证**　经血不通、月经不调、产后腹痛

材料

玫瑰花 15 克，红花、益母草、绿茶各 8 克

做法

1. 先将玫瑰花、益母草、红花、绿茶用棉布袋包起来用水清洗一下，放入茶壶中。
2. 往茶壶中倒入开水，盖上盖闷泡 10 ~ 20 分钟。
3. 将药茶倒出来滤渣后即可饮用。

茶效

益母草可以起到活血化瘀、消肿止痛的作用，
红花可用于调理气血及经期不适等症状。
此款茶饮有很好的活血化瘀、舒缓腹痛、调经止痛的作用。

小贴士 ● 益母草能起到调经止痛的作用，但经期正常的女性不建议在经期饮用，以免出血量过大。

★ **禁忌** 月经量多的女性不宜饮用。

玫瑰益母草茶

◆**适应证**　月经不调

🏺 材料

玫瑰花 30 克，泽兰、西洋参、香附各 15 克，益母草 7 克，红茶 8 克

🍵 做法

1. 将所有原料用水过滤。

2. 再将所有原料用开水冲泡 10 ～ 20 分钟后，将药茶过滤，稍凉后即可饮用。

茶效

玫瑰花有行气活血的功效；泽兰具有通经活血的功效；红茶具有助消化、
增食欲、利尿消肿的功效，益母草具有活血化瘀、
利水调经的功效。
此款茶饮具有行气活血、调经止痛的功效。

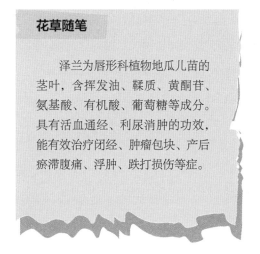

花草随笔

　　泽兰为唇形科植物地瓜儿苗的茎叶，含挥发油、鞣质、黄酮苷、氨基酸、有机酸、葡萄糖等成分。具有活血通经、利尿消肿的功效，能有效治疗闭经、肿瘤包块、产后瘀滞腹痛、浮肿、跌打损伤等症。

小贴士 ● 可以调入适量红糖，不仅可以使口感更好，也能够起到温补止痛的作用。

★**禁忌** 孕产妇慎饮此茶。

第四章

喝花草茶，
赶走小毛病

花草与我们的生活息息相关，精油、香皂、花草茶等越来越受人们的欢迎，不仅仅是因为它们的味道芳香，更在于它们有疗愈的价值。饮一壶茶，远离扰人的毛病，何乐而不为呢？

头痛

　　工作忙碌、生活压力大，越来越多的人们常常感到头痛，这可能不是大病，但却是亚健康的一种表现形式。

　　有头痛困扰的人们在就医治疗的同时，不妨喝花草茶作为辅助治疗的方式，花草茶含有独特的成分，闻一闻、品一品的过程中能有效缓解头痛症状。

菩提叶洋甘菊茶

◆**适应证**　偏头痛

🫙 材料

洋甘菊 8 克，菩提叶 3 克，迷迭香、
薄荷叶各 2 克

🍵 做法

1. 将所有材料一起放入壶中，
   倒入适量开水刚好没过茶材。
2. 轻轻摇晃茶壶，将第一次茶水倒出，
   再倒入 300~500 毫升开水。
3. 盖上盖子，闷 8 分钟后即可饮用。

茶效

洋甘菊可舒缓头痛、感冒引起的肌肉痛，
迷迭香具有除胀去痛、提神醒脑的功效。
此款茶饮具有清新解郁、提神醒脑的作用。

小贴士 ● 这款茶饮味道微苦，可以调入少许白糖或蜂蜜，使其口感更好。

★**禁忌** 孕妇不宜饮用。

茉莉迷迭茶

◆**适应证**　头痛、胸腹胀痛、皮肤溃疡

🏺 材料

茉莉花 14 克，迷迭香、洋甘菊各 10 克，
绿茶 5 克，蜂蜜少许

🍵 做法

1. 除蜂蜜外将其他原料一起包好，
放入壶中，倒入适量开水刚好没过茶材。
2. 轻轻摇晃茶壶，将第一次茶水倒出，
再倒入 300~500 毫升开水。
3. 盖上盖子，冲泡 10 ～ 20 分钟后，
酌量添加蜂蜜后饮用。

茶效

迷迭香具有增强记忆力的作用，
对头昏目眩及紧张性头痛也有舒缓作用；
茉莉花有提神功效，可安定情绪、
舒解郁闷。这款茶气味芬芳，
可松弛神经、提神醒脑，
对头痛有一定的缓解作用。

小贴士 ● 头痛的时候趁热喝，效果会更好。闻闻花茶的香味，为你赶走小毛病。

★**禁忌** 孕产妇和儿童慎饮此茶。

迷迭香玫瑰茶

◆**适应证** 头痛、无精打采、神疲无力

🫙 材料

迷迭香 5 克，玫瑰花 10 克，甘草 3 克

🍵 做法

1. 新鲜迷迭香及甘草洗净；
玫瑰花先用热开水浸泡再冲净。
2. 将所有料放入壶中，冲入热开水。
3. 浸泡约 3 分钟即可饮用。

茶效

迷迭香对头昏目眩及紧张性头痛
有舒缓作用；
玫瑰花可调理忧郁的情绪，增加活力；
甘草具有补脾益气的功效。
三者为茶，有提神健脑、振奋精神的作用，
常饮还可以缓解头痛。

小贴士 ● 甘草虽然有淡淡的香味，味道也比较甘甜，但泡花茶的时候不宜放太多，保持甘草味道淡淡的就好。

★**禁忌** 孕产妇和儿童慎饮此茶。

迷迭香薄荷茶

◆ **适应证**　头痛、精神倦怠

材料

迷迭香、薄荷叶各 3 克

做法

1.将迷迭香、薄荷叶同置于杯中，倒入适量开水刚好没过茶材。

2.轻轻摇晃茶壶，将第一次茶水倒出，再倒入 300~500 毫升开水。

3.盖上盖子，静置 3 分钟即可饮用。

茶效

迷迭香具有除胀去痛、提神醒脑的功效，
薄荷具有疏风散热、辟秽解毒的功效。
本品具有消除疲劳、清新解郁、
缓解头痛、提神醒脑的作用。

小贴士 ● 薄荷叶有干、鲜两种，建议用鲜薄荷叶，口感会更好更清香。

★**禁忌** 孕产妇和儿童慎饮此茶。

感冒

　　缺乏锻炼、自身免疫力弱或处于流行感冒多发季节等均易使人们患上感冒，咳嗽、流涕、食欲不振、发热、精神乏力等症状都会困扰我们。

　　易患感冒的人群不妨饮用一些花草茶调理身体，远离感冒。感冒通常是因人体受外界风寒或风热引起的，因此根据不同的病因可以选用不同的花草茶。

薄荷玫瑰菊花茶

◆**适应证**　风热引起的感冒、疲劳

材料

薄荷叶、茶叶各 2 克，玫瑰花、菊花各 6 克

做法

1. 将玫瑰花、菊花、薄荷叶、茶叶一起放入壶中，倒入适量开水刚好没过茶材。
2. 轻轻摇晃茶壶，将第一次茶水倒出，再倒入 300~500 毫升开水。
3. 盖上盖子，闷 5 分钟后即可饮用。

茶效

薄荷具有疏散风热、止痒、健胃、祛风、消炎等功效，
菊花有清热解毒、缓解疲劳的作用。
两者为茶，既可提神解乏又可治风热感冒等症。

小贴士 ● 菊花可以用温水冲洗一下，这样可以去除其中的灰尘及杂物。

★**禁忌** 孕产妇最好不要饮用。

菊花甘草茶

◆适应证　风热引起的感冒、目赤、喉咙干燥

材料

菊花 10 克，甘草 5 克

做法

1. 将菊花、甘草一起放入杯中，倒入适量开水刚好没过茶材。
2. 轻轻摇晃茶壶，将第一次茶水倒出，再倒入 300~500 毫升开水。
3. 盖上盖子，闷 3 ~ 5 分钟至菊花全部舒展开即可饮用。

茶效

菊花具有清热、明目、解毒的功效。此茶饮具有清热明目、祛火平肝的作用，常饮此茶，能清肺润喉、保护视力，对风热感冒也有一定疗效。

小贴士 ● 菊花冲泡的时间不宜太久，否则会影响其功效。

★**禁忌** 脾胃虚弱者不宜饮用。

玫瑰茄洋参茶

◆**适应证** 口干舌燥、肺热虚火、感冒

🫙 材料

玫瑰茄、西洋参各 10 克，
菊花、绿茶各 5 克，冰糖少许

🍵 做法

1. 将菊花、绿茶、玫瑰茄、西洋参放入壶中，
   倒入适量开水刚好没过茶材。
2. 轻轻摇晃茶壶，将第一次茶水倒出，
   再倒入 300~500 毫升开水。
3. 再倒入开水冲泡 10 分钟，加冰糖饮用。

茶效

玫瑰茄具有敛肺止咳、降血压、
解酒的功效，西洋参具有清虚火、
生津止渴的功效，菊花具有散风、
清热、明目、解毒的功效。
此款茶饮对虚火、风热引起的感冒
有很好的作用。

花草随笔

西洋参是补气首选药材，其含
有人参皂苷类、氨基酸、微量元素、
人参三糖、固醇及无机盐等成分。
西洋参具有益肺、清热、生津止渴
的功效，还具有显著的抗疲劳、抗
缺氧的功效。需要注意的是流行性
感冒、发热未退者不宜食用西洋参。

小贴士 ● 可将所有原料洗净后装入纱布袋
后再泡茶，这样更方便饮用。

★**禁忌** 经期女性、孕妇最好不要饮用。

紫苏叶红茶

◆ **适应证**　风寒引起的感冒、畏寒

材料

紫苏叶 10 克，陈皮、甘草各 3 克，红茶包 1 包

做法

1.将紫苏叶、陈皮、甘草、红茶包一起放入壶中，倒入适量开水刚好没过茶材。

2.轻轻摇晃茶壶，将第一次茶水倒出，再倒入 300~500 毫升开水。

3.盖上盖子，闷 5 分钟，轻轻摇晃茶壶，即可饮用。

茶效

紫苏叶有解表散寒、理气解郁的功效，甘草有补脾益气、清热解毒、
祛痰止咳等功效。此款茶饮具有理气止咳的功效，
有风寒感冒、头痛无汗、风寒湿痹等症状的人可经常饮用。

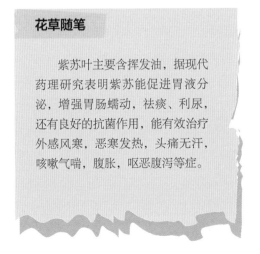

花草随笔

　　紫苏叶主要含挥发油，据现代药理研究表明紫苏能促进胃液分泌，增强胃肠蠕动，祛痰、利尿，还有良好的抗菌作用，能有效治疗外感风寒，恶寒发热，头痛无汗，咳嗽气喘，腹胀，呕恶腹泻等症。

小贴士 ● 这款茶饮在过去可是宫廷御用的祛寒茶，泡好一壶可以和家人一起饮用，趁热喝效果更好。

★**禁忌** 孕妇不宜饮用。

失眠

　　我们每天面对繁忙的工作、承受繁重的压力，不免会常常感到精神紧张、焦虑不安，这些负面情绪容易导致我们夜晚难以入睡，第二天晨起又疲惫异常，恶性循环。

　　不妨选用一些能舒缓压力、促进睡眠的花草茶来饮用，睡前饮用可以有助于我们放松身心、促进睡眠，当然了，我们平时也要学会释放压力，不要积累负面情绪。

洋甘菊薰衣草茶

◆ **适应证**　紧张失眠、神经衰弱

🫙 材料

洋甘菊、薰衣草各 5 克，牛奶 100 克，蜂蜜适量

🍵 做法

1. 将洋甘菊、薰衣草洗净后一起放入壶中，倒入 1/3 杯开水。
2. 盖上盖子，闷 3 分钟左右，倒入牛奶。
3. 待茶汤稍凉后，调入蜂蜜，搅拌均匀即可饮用。

茶效

洋甘菊具有美容护肤、养心安神的功效；薰衣草可松弛神经、帮助入眠，
牛奶中含有色氨酸，会使人产生困倦感，增加助眠的效果。
常饮此茶有助入睡。

小贴士 ● 牛奶可以稍微温热一下再加入，这样温度刚刚好，口感也比较好。

★**禁忌** 孕妇不宜饮用。

茉莉花菩提茶

◆**适应证** 失眠、焦虑、烦躁、情绪低落

材料

茉莉花8克，菩提叶2克，冰糖适量

做法

1. 将茉莉花、菩提叶、冰糖一起放入壶中，倒入适量开水刚好没过茶材。
2. 轻轻摇晃茶壶，将第一次茶水倒出，再倒入300~500毫升开水。
3. 盖上盖子，闷3~5分钟后即可饮用。

茶效

茉莉花具有安定情绪、缓解疲劳、理气解郁的功效，
菩提叶具有安神排毒的功效。
此款茶饮具有清热除烦、润肺助眠的作用。

小贴士 ● 在饮用前，可以揭开壶盖一侧，用鼻闻香，茉莉花、菩提叶的芬芳扑鼻而来，也能使我们放松心情。

★**禁忌** 孕妇不宜饮用。

安神助眠茶

◆ **适应证** 压力大、失眠、虚弱

🫙 材料

茉莉花 5 克，枸杞 10 克，
生、熟酸枣仁各 6 克

🍵 做法

1. 将生、熟枣仁压碎，装入纱布袋中备用。
2. 将纱布袋、茉莉花、枸杞放入杯中，
   倒入适量开水刚好没过茶材，倒出。
3. 再倒入 300~500 毫升开水。
4. 约 10 分钟后过滤取汁，即可饮用。

茶效

茉莉花具有理气和中、安定情绪、
舒解郁闷的功效，枸杞具有养肝护肾、
润肺降压的功效。
此款茶饮具有安神宁心、清热舒郁的作用。

花草随笔

酸枣仁为鼠李科植物酸枣的种
子，含多量脂肪油和蛋白质，另含
酸枣皂苷、大量维生素 C。现代药
理研究发现，酸枣仁有镇静、催眠、
镇痛、抗惊厥、降温、兴奋子宫等
作用，可用来治疗虚烦不眠、惊悸
怔忡、烦渴、虚汗等症。

小贴士 ● 饮用时可以加入少许蜂蜜，这样
能减淡茶汤的酸苦味。

★禁忌 脾胃有湿及泄泻者忌饮用。

腹泻

　　腹泻是比较常见的消化系统疾病，主要表现为大便次数增多、排稀便和水电解质紊乱，多是受饮食不卫生、生活环境的变化或生活规律紊乱而引起的。

　　腹泻期间，身体会消耗大量的水分，因此我们要随时补充水分，可以饮用花草茶，不仅可以补充水分，也可以调理胃肠道，提高免疫力。

金银花玫瑰陈皮茶

◆**适应证** 腹泻

材料

金银花8克，玫瑰花、陈皮各4克，甘草1片

做法

1. 将金银花、玫瑰花、陈皮、甘草一起放入壶中，倒入适量开水刚好没过茶材。
2. 轻轻摇晃茶壶，将第一次茶水倒出，再倒入300~500毫升开水。
3. 盖上盖子，闷10分钟后即可饮用。

茶效

金银花具有清热、消炎、解毒的功效；陈皮具有理气、健脾、化痰的功效，
甘草具有清热解毒、缓急止痛等功效。
此款茶饮有消炎杀菌、清热止泻的作用。

小贴士 ● 泡茶时在壶盖上淋少许开水，能起到保温的作用，使茶香味更浓。

★**禁忌** 孕妇不宜饮用。

扫一扫看视频

金银花黄连茶

🏺 材料

金银花 10 克，玫瑰花、炙甘草各 5 克，黄连、绿茶各 3 克

🍵 做法

1. 将炙甘草、黄连一起放入锅中，加水煎煮 10 分钟，滤出药汁，待用。
2. 将金银花、玫瑰花、绿茶放入杯中，冲入药汁。
3. 盖上盖子，闷 3 分钟后即可饮用。

茶效

黄连具有泻火祛湿、解毒杀虫的功效，
金银花具有清热、消炎的功效，
甘草具有清热解毒的功效。
此茶饮具有清热止痢、止泻固肠的作用。

花草随笔

　　黄连主要含有生物碱，具有泻火燥湿、解毒杀虫的功效，对细菌及多种皮肤真菌有较强的抑制作用，能有效治疗热毒、伤寒、热盛心烦、恶心呕吐、痢疾、热泻腹痛、消渴、蛔虫病、咽喉肿痛等症。

小贴士 ● 甘草、黄连可先用开水冲泡一下再煮，能更好地去除杂质。

★**禁忌** 虚寒引起的腹泻者不宜饮用。

便秘

　　便秘是身体不健康的主要信号之一，一般大便不畅的人群也会有腹胀、口臭、皮肤粗糙等问题，因此，解决便秘的困扰是十分必要的。

　　便秘者可以多喝水，水中加入有利于促进胃肠蠕动、排毒通便的花草茶，能够更快、更好的摆脱便秘困扰。

玉蝴蝶决明子茶

◆**适应证** 头痛眩晕、大便秘结

材料

玉蝴蝶 2 克，决明子 8 克，胖大海 5 克，甜菊叶 4 克

做法

1. 将上述原料全部放入茶壶中，倒入适量开水刚好没过茶材。
2. 轻轻摇晃茶壶，将第一次茶水倒出，再倒入 300~500 毫升开水。
3. 盖上盖子，静泡 15 分钟滤取茶汤即可。

茶效

玉蝴蝶具有滋阴润肺、疏肝、和胃的功效，决明子具有清热明目、润肠通便的功效。此款茶饮具有清热润肺、通便的作用。

花草随笔

胖大海主产于越南、泰国、印度尼西亚、马来西亚等地，其是化痰通便的清凉药材，也是"开嗓圣药"，含有戊多糖、黏液质、胖大海素、半乳糖等成分。具有清热润肺、利咽解毒的功效，主治干咳无痰、喉痛、音哑、目赤、牙痛、燥热便秘等症。

小贴士 ● 可将所有原料清洗后放入纱布袋里，这样可以减少杂质，口感更好。

★**禁忌** 脾虚、泄泻、低血压者不宜饮用。

桃花红枣茶

◆**适应证**　便秘、水肿

🍶 材料

桃花 8 克，红枣 5 克

☕ 做法

1. 将桃花和红枣一起放入杯中，倒入适量开水刚好没过茶材。

2. 轻轻摇晃茶壶，将第一次茶水倒出，再倒入 300~500 毫升开水。

3. 盖上盖子，闷 3 分钟后即可饮用。

茶效

桃花具有泻下通便、利水消肿的功效，红枣具有治疗胃虚食少、
心慌失眠、神经衰弱的功效。
此款茶饮对水肿、皮肤瘙痒、便秘等都有很好疗效。

花草随笔

红枣含光千金藤碱、大枣皂苷、胡萝卜素、维生素 C 等成分。具有补气养血、美白祛斑、延缓衰老、健脾益胃、缓和药性的功效，能有效治疗胃虚食少、脾弱便溏、气血不足、心悸怔忡等症。

小贴士 ● 红枣含有糖分，多泡一会儿茶会更甘甜。

★**禁忌** 经期女性、孕妇、体虚者不宜饮用。

上火

上火的症状表现有很多，如眼睛干涩、咽喉肿痛、口腔溃疡、长痘痘等，多与个人体质、饮食、环境变化等有关。

我们可以通过饮用一些具有清热、解毒、下火等功效的花草茶，调理身体，改善症状。

大海金银花茶

◆**适应证**　上火、口腔溃疡

材料

金银花、菊花、甘草、胖大海、山楂、冰糖各 2 克

做法

1.往杯中倒入开水，温杯后弃水不用。

2.将金银花、胖大海、菊花、甘草、山楂、冰糖放入杯中，倒入适量开水刚好没过茶材。

3.轻轻摇晃茶杯，将第一次茶水倒出，再倒入适量开水，泡 5 分钟后即可饮用。

茶效

胖大海具有清热润肺、利咽解毒的功效，金银花具有清热、消除肿痛、抗菌消炎的功效，甘草具有补脾益气、清热解毒、祛痰止咳等功效。此款茶饮可以清热解毒、宜肺化痰。

小贴士 ● 金银花性味偏寒，会影响脾胃的运化，不适合长期食用，在夏季的时候食用较为合适。

★**禁忌** 脾胃虚寒者、孕妇忌饮用。

扫一扫看视频

金盏花洋甘菊茶

材料

洋甘菊 6 克，金盏花 3 克，蜂蜜适量

做法

1. 将金盏花、洋甘菊一起放入壶中，倒入适量开水刚好没过茶材。
2. 轻轻摇晃茶壶，将第一次茶水倒出，再倒入 300~500 毫升开水。
3. 盖上盖子，闷 5 分钟，待茶汤稍凉后，调入蜂蜜搅拌均匀后即可饮用。

茶效

金盏花具有消炎抗菌、清热降火、治痘的功效，洋甘菊具有散风明目、清热解毒的功效。
此款茶饮具有滋润五脏、清热降火的良好作用。

小贴士 ● 此款茶饮也可以加入少许冰糖，这样口感会更好。

★禁忌 孕产妇最好不要饮用。

菊槐绿茶

◆ **适应证**　头晕眼花、口渴心烦

🫙 材料

菊花、槐花、绿茶各 3 克

🍵 做法

1. 将菊花、槐花、绿茶放入壶中，
倒入适量开水刚好没过茶材。
2. 轻轻摇晃茶壶，将第一次茶水倒出，
再倒入 300~500 毫升开水。
3. 盖上盖子，静置 3 分钟即可饮用。

茶效

菊花具有清热、明目、解毒的功效，
将菊花、槐花一起用开水冲泡，
能清肝凉血、清热明目，
可有效改善肝火上炎引起的头晕眼花、
口渴心烦症状。

花草随笔

槐花为多生花，含有糖类、维
生素、槐花二醇、芳香苷等成分。
具有清热、凉血、止血、驱虫、降
血压、治咽炎、预防中风的作用。

小贴士 ● 清洗原料时可用温水，这样绿茶
的味道更容易泡出来。

★禁忌 气虚胃寒、食少泄泻患者宜少用。

茉莉花绿茶

◆**适应证** 上火、烦躁

🍶 材料

茉莉花 10 克，苦瓜干 6 克，绿茶 5 克

🍵 做法

1. 将茉莉花、苦瓜干、绿茶一起放入壶中，
   倒入适量开水刚好没过茶材。
2. 轻轻摇晃茶壶，将第一次茶水倒出，
   再倒入 300~500 毫升开水。
3. 盖上盖子，闷 5 分钟后即可饮用。

茶效

茉莉花具有安定情绪、缓解疲劳的功效，
苦瓜具有明目消暑、清热解毒、降低血糖、补肾健脾、
益气壮阳、提高免疫力的功效。
此款茶饮有清热降火、除烦利尿的作用。

花草随笔

苦瓜含胰岛素、蛋白质、脂肪、淀粉、维生素 C、粗纤维、胡萝卜素、矿物质等成分。苦瓜含有的苦瓜素，可以消除人体多余的脂肪，有排毒瘦身的功效，此外其还有除邪热、解劳乏、清心明目、清凉消暑的作用。

小贴士 ● 苦瓜干微苦，可加入冰糖或蜂蜜调味，改善茶汤的口感。

★**禁忌** 脾胃虚寒者、孕妇忌饮用。

消化不良

　　消化不良所反馈的一个问题便是胃肠道不健康，而胃肠道不健康就会影响我们人体对食物的吸收，也会影响体内正常的排毒、排便情况。

　　可以通过饮用一些具有调理胃肠道功效的花草茶，缓解我们消化不良、食欲不振的现象。肠胃好了，身体才会棒!

陈皮甘草茶

◆ **适应证** 食欲不振、消化不良

材料

陈皮、甘草各5克

做法

1. 将陈皮洗净，甘草切成小块，放于壶中，倒入适量开水刚好没过茶材。
2. 轻轻摇晃茶壶，将第一次茶水倒出，再倒入300~500毫升开水。
3. 盖上盖子，静置5分钟后即可饮用。

茶效

陈皮具有理气、健脾、调中、燥湿、
化痰的功效，
甘草能清热祛痰、解毒止咳。
此茶可健脾胃，缓解消化不良的症状。

小贴士 ● 泡茶时冲入的开水不宜太多，以免稀释了陈皮、甘草的药性。

★**禁忌** 水肿者、体内燥热者不宜饮用。

山楂桃仁茶

◆**适应证** 积食、胃胀胃痛

🏺 材料

桃仁 10 克，红花、丹参、山楂各 5 克，白糖适量

☕ 做法

1. 砂锅中注入清水烧热，倒入桃仁、丹参、山楂、红花，搅匀。
2. 盖上锅盖，大火煮 15 分钟，将茶渣捞干净。
3. 将茶汤盛出，滤进杯中，加入白糖，搅拌至溶化，即可饮用。

茶效

山楂具有消食化积、行气散瘀的功效，
红花具有活血通络、化瘀止痛的功效，
桃仁具有消炎、解毒的功效。
此茶饮具有健脾开胃、帮助消化、去脂减肥等作用。

花草随笔

　　桃仁含苦杏仁苷、挥发油、脂肪油等成分。桃仁具有破血行瘀、润燥滑肠、止咳平喘的功效，能有效治疗闭经、咳嗽气喘、热病蓄血、疟疾、肺脓肿、跌打损伤、瘀血肿痛、血燥便秘等症。

花草随笔

　　丹参含丹参酮、异丹参酮、隐丹参酮、甲基丹参酮等成分。具有活血祛瘀、安神宁心、排脓、止痛的功效，用于治疗心绞痛、月经不调、痛经、经闭、血崩带下、瘀血腹痛、骨节疼痛、惊悸不眠、恶疮肿毒等症。

小贴士 ● 可以用冰糖、蜂蜜代替白糖，口感更好也更滋补。

★**禁忌** 腹泻者、孕妇不宜饮用。

第五章

春夏秋冬，
与花草相伴

　　万物生长皆有其规律，我国传统医学也讲究顺时养生，就是说在不同的季节，应该顺应气候环境的变化而改善生活、饮食方式以调理身体，让我们也在四季饮用当季备受欢迎的花草茶吧！

春天理气养肝

　　春天万物复苏，生机待展，机体新陈代谢旺盛，身体容易不堪负荷，使人感到困倦乏力、无精打采。

　　春天喝花草茶，可以解"春困"。花草茶中芳香袭人，不仅可以提神醒脑，清除睡意，使"春困"消散，也有利于驱除冬天积聚在人体内的寒气，令人神清气爽。

玫瑰茉莉花茶

◆ **适应证**　精神不振、烦躁气郁

🫙 材料

玫瑰花、茉莉花各 5 克

🍵 做法

1. 将玫瑰花、茉莉花一起放入壶中，倒入适量开水刚好没过茶材。
2. 轻轻摇晃茶壶，将第一次茶水倒出，再倒入 300~500 毫升开水。
3. 盖上盖子，闷 5 分钟后即可饮用。

茶效

玫瑰花能缓和情绪，理气解郁，增加活力；茉莉花具有理气和中、清热解毒的功效。
春季茶疗以清润、解毒、疏肝、理气为主，因此在春天喝玫瑰茉莉花茶十分好哦！

小贴士 ● 花茶的搭配一般以不超过四种为宜，两种或三种为佳。

★**禁忌** 经期女性、孕妇不宜饮用。

月季玫瑰花茶

◆ **适应证**　春困、嗜睡、精神不振

🏺 材料

月季花6克，玫瑰花、佛手、当归各3克

🏺 做法

1. 将月季花、玫瑰花、佛手、当归洗净后一起放入锅中。
2. 盖上盖子，煎15分钟，倒出茶汤，稍凉后即可饮用。

茶效

月季花具有活血调经、消肿解毒的功效，玫瑰花具有行气宽中、
消食化痰的功效，当归具有补血活血、调经止痛、润燥滑肠的功效。
此款茶饮具有疏肝和胃、理气解郁、
促进血液循环的良好功效。

花草随笔

　　佛手含挥发油、香豆精等成分。具有芳香理气、健胃止呕、化痰止咳、理气化痰、止咳消胀的功效，能有效治疗消化不良、舌苔厚腻、胸闷气胀、呕吐咳嗽以及神经性胃痛等症。

花草随笔

　　当归含有多种氨基酸、挥发油、水溶性生物碱、蔗糖、维生素E、烟酸、维生素B_{12}等成分。具有补血和血、调经止痛、润燥滑肠的功效，多用于治疗月经不调、经闭腹痛、血虚头痛、眩晕、跌打损伤等症。

小贴士 ● 关火后最好再用余温浸泡一会儿，这样茶汁的香味更浓。

★**禁忌** 脾胃虚弱者、孕妇不宜饮用。

合欢玫瑰茶

◆ **适应证** 心情烦闷、精神不振

材料

合欢花、玫瑰花各 3 克，冰糖适量

做法

1. 将合欢花、玫瑰花、冰糖一起放入壶中，倒入适量开水刚好没过茶材。
2. 轻轻摇晃茶壶，将第一次的茶水倒出，再倒入 300~500 毫升开水。
3. 盖上盖子，静置 5 分钟后即可饮用。

茶效

合欢花可镇静养心、安神解郁；玫瑰花具有理气解郁、和血散瘀等功效。
此款茶可理气解郁、安抚情绪，十分适合在春天饮用。

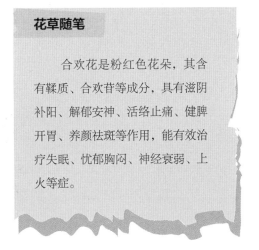

花草随笔

合欢花是粉红色花朵，其含有鞣质、合欢苷等成分，具有滋阴补阳、解郁安神、活络止痛、健脾开胃、养颜祛斑等作用，能有效治疗失眠、忧郁胸闷、神经衰弱、上火等症。

小贴士 ● 此款茶饮即使不加冰糖，味道也很好，因此可以根据个人口味的喜好选择要不要加入冰糖。

★**禁忌** 孕妇忌饮用。

玫瑰梅花茶

◆**适应证** 流感、郁结

材料

玫瑰花、梅花各 5 克，柠檬草 3 克

做法

1. 将玫瑰花、梅花、柠檬草一起放入壶中，倒入适量开水刚好没过茶材。
2. 轻轻摇晃茶壶，将第一次的茶水倒出，再倒入 300~500 毫升开水。
3. 盖上盖子，闷 3 ~ 5 分钟后即可饮用。

茶效

梅花味甘，微苦，能解热生津、清肝明目、疏利咽喉，
玫瑰花具有理气解郁、和血散瘀的功效。
此茶饮有解渴生津、开胃散郁、解毒生肌的作用。

花草随笔

生活中常见的两种梅花分别是白梅花和红梅花，红梅花多作为观赏性植物，而白梅花则更多的作为药材来使用。梅花中含有一定的挥发油，具有疏肝、和胃、化痰、养颜的作用，能有效治疗头晕头痛、食欲不振、胃痛等症。

小贴士 ● 泡花茶时开水的用量不宜太多，以免冲淡了花的香味。

★**禁忌** 体质虚弱、孕妇不宜饮用。

夏天消暑清热

　　夏天潮湿多雨、暑热难耐,易伤脾胃、上火、发炎等。且夏秋之交期间,是一年中湿气最盛的时节。

　　因此夏天应该以补气养阴、清热消暑、健脾祛湿为主,可以多饮用以菊花、金银花、苦瓜干、山楂、柠檬、绿茶等为原材料的花草茶。

薄荷绿茶

◆**适应证**　夏季感冒、暑热烦渴

材料

薄荷叶 5 克，绿茶适量，冰糖适量

做法

1. 将薄荷叶洗净后放入壶中，放入绿茶和冰糖，倒入适量开水刚好没过茶材。
2. 滤掉第一次茶水，再倒入开水，盖上盖子，闷 3 ~ 5 分钟后即可饮用。

茶效

薄荷能消除夏日的火气与胃肠郁积；绿茶能清热去火，消炎抗菌。

二者与冰糖配用成茶，可清火祛燥，消除胃热。

如果夏季风热感冒，这是一道很不错的饮品。

小贴士 ● 薄荷的气味清香，第一次倒入开水清洗时不宜浸泡过久，以免影响最后茶汤的口感。

★**禁忌** 肺虚咳嗽、阴虚发热者不宜饮用。

金银薄荷茶

◆ **适应证**　头痛目赤、热病烦渴

材料

金银花、薄荷、淡竹叶、决明子、菊花、
冰糖各 2 克

做法

1. 往杯中倒入开水，温杯后弃水不用。
2. 将金银花、薄荷、淡竹叶、决明子、菊花、
　冰糖一起放入杯中，
　倒入适量开水刚好没过茶材。
3. 轻轻摇晃茶杯，将第一次茶水倒出，
　再倒入适量开水，泡 5 分钟后即可饮用。

茶效

金银花具有清热解毒、抗菌消炎的功效；
决明子具有清肝泻火、益肾滋阴的功效；
薄荷具有疏风散热、提神醒脑的功效。
　饮用此款茶饮，能起到降火消暑、
　　清热解毒的良好作用。

小贴士 ● 第一次倒入开水清洗时不宜浸泡过久，以免影响最后茶汤的
口感。

★ **禁忌** 大便溏泻、虚寒体质者忌饮此茶。

扫一扫看视频

酸梅汤

材料

乌梅、山楂、陈皮、玫瑰茄、甘草各 10 克，桂花 5 克，冰糖 100 克

做法

1. 将乌梅、山楂、陈皮、玫瑰茄、甘草放入清水中洗净。
2. 将洗净后的原料放入纱布袋中，再放入布袋里，加适量水。
3. 大火煮沸后转小火续煮 30 分钟。
4. 揭开锅盖，放入冰糖和桂花调味后，放凉。

茶效

乌梅有缓解便秘、增进食欲的功效；山楂有消食化积、行气散瘀的功效；
陈皮有理气健脾、燥湿化痰的功效；玫瑰茄有敛肺止咳、解酒的功效；
甘草有补脾益气、祛痰止咳的功效。
夏天饮用酸梅汤，能消暑气，增进食欲，身心舒畅。

小贴士 ● 可放入冰箱中冰镇后，口感更好。

★**禁忌** 孕妇不宜食用。

扫一扫看视频

消暑茶

◆**适应证** 中暑、暑热烦渴

材料

冬瓜 100 克，荷叶、夏枯草各 10 克，红糖 5 克

做法

1. 将冬瓜洗净后切小块，放入锅中。
2. 将荷叶、夏枯草、红糖一起放入装有冬瓜的锅中，加水，小火煮 30 分钟。
3. 将茶汤倒入杯中，即可饮用。

茶效

冬瓜具有利尿消肿、解暑消渴的功效；荷叶具有清热解毒、凉血止血的功效；
夏枯草具有清肝散结的功效。
此款茶饮有祛湿化痰、清热解暑的作用。

花草随笔

冬瓜含有矿物质、维生素、脂肪、瓜氨酸、不饱和脂肪酸等成分。具有排毒瘦身、润肤美容、利尿消肿、降低胆固醇、消暑解渴的作用，在夏日食用尤为适宜。

花草随笔

夏枯草含三萜皂苷、齐墩果酸、熊果酸、芸香苷、金丝桃苷、维生素、胡萝卜素、树脂、鞣质、挥发油等成分。具有清热解毒、祛痰止咳、凉血止血的功效，适用于头晕目眩、血崩带下、急性传染性黄疸型肝炎及细菌性痢疾等症。

小贴士 ● 此道茶饮中的红糖分量不宜太多，以免盖住了原料的茶香味。

★**禁忌** 体瘦、气血虚弱者不宜饮用。

秋天滋阴润燥

　　秋天月明风清、万物萧条、天气干燥，虽然已经不如夏季燥热、冬季严寒，属于较为舒服的季节，但天气干燥，因此需要注意清除体内残留的夏天的余热。

　　我们可以在秋天饮用一些具有滋阴、润燥、生津的花草茶，以起到祛痰止咳、润肺滋阴的作用。

杏仁桂花茶

◆ **适应证**　咽干肺燥

🫙 材料

南杏仁 5 克，桂花 3 克

🍵 做法

1. 将南杏仁洗净拍碎，
与洗净的桂花一起放入保温杯中。
2. 冲入沸水冲泡，
静置 7 分钟即可滤取茶汤饮用。

茶效

桂花能舒缓紧张的情绪，还可化痰止咳；
南杏仁有滋养皮肤、润燥补肺的作用。
此款茶饮能缓解秋燥引起的咳嗽、
声音嘶哑、咽干等症。

花草随笔

　　南杏仁含蛋白质、脂肪、维生
素及矿物质等成分。具有平喘止咳、
促进消化、降低胆固醇的作用。

小贴士 ● 将杏仁拍碎或对半切开，这样泡
茶的时候能更容易析出有效成分。

★**禁忌**　产妇、婴幼儿、腹泻者忌饮此茶。

蒲公英甘草茶

◆**适应证**　咽痛、烦躁、咳嗽

材料

蒲公英、金盏花各6克，甘草3克

做法

1. 将蒲公英、金盏花、甘草一起放入壶中，倒入适量开水刚好没过茶材。
2. 轻轻摇晃茶壶，将第一次茶水倒出，再倒入300~500毫升开水。
3. 盖上盖子，闷10分钟后即可饮用。

茶效

蒲公英具有清热解毒、利尿散结、宁心安神的功效；
甘草有清热解毒、祛痰止咳、补脾益气、缓急止痛等功效；
金盏花具有理气、止咳、化痰的功效。
三者为茶，对缓解秋燥、润肺止咳十分有效。

花草随笔

蒲公英含糖类、维生素等成分。具有清热解毒、消肿散结、利尿通淋的功效，能有效治疗上呼吸道感染、流行性腮腺炎、泌尿系感染、感冒发热、急性扁桃体炎、急性支气管炎等症。

小贴士 ● 可将所有原料用纱布袋装好，再冲泡，这样更方便饮用。

★**禁忌** 经期女性、孕妇、儿童不宜饮用。

菊花雪梨茶

材料

雪梨 140 克，菊花 8 克，枸杞 10 克，冰糖适量

做法

1. 洗净的雪梨取果肉，再将果肉切成薄片，备用。
2. 将雪梨与冰糖一起放入锅中，加水煮沸。
3. 放入菊花和枸杞，续煮 2 分钟后即可。

茶效

雪梨具有止咳化痰、清热降火、养血生津等功效；
菊花具有清肝明目、清热解毒的功效。
此款茶饮具有清热解毒、润肺止咳的作用。

花草随笔

　　雪梨含有蛋白质、脂肪、糖类、粗纤维、铁、胡萝卜素、维生素 C 以及膳食纤维等成分。具有清热解毒、生津润燥、润肺化痰、养血生肌的作用，尤其适合在秋天食用。

小贴士 ● 加入冰糖时，要持续搅拌，可以加快冰糖溶化。

★ **禁忌** 脾胃虚寒者、孕妇不宜饮用。

扫一扫看视频

冬天滋补暖身

　　冬天天气寒冷、冰霜来袭，是万物闭藏、蓄势待发的阶段,寒冷是这个季节最大的特点。因此，冬天我们最主要的就是祛寒温补。

　　可以选用一些温辛性质的花草茶，以达到祛寒补阳、滋补暖身的作用，能提高人体的免疫力，使机体适应气候的变化。

紫苏甜姜茶

◆**适应证**　风寒感冒、呕吐、气虚

材料
紫苏叶、生姜各 10 克，红糖 15 克

做法
1. 将紫苏叶、生姜、红糖一起放入壶中，
   倒入适量开水刚好没过茶材。
2. 轻轻摇晃茶壶，将第一次茶水倒出，
   再倒入 300~500 毫升开水。
3. 盖上盖子，闷 3 分钟左右，
   倒出杯中即可饮用。

茶效
紫苏叶具有解表散寒、理气解郁的功效；
生姜具有祛寒、止呕、化痰的功效；
红糖具有益气补血、健脾暖胃的功效。
适合在寒冷的冬天饮用，祛寒暖胃。

小贴士 ● 生姜可以切得薄一点，这样更能析出其有效成分。

★**禁忌** 血虚痹痛、气虚多汗者忌饮用。

红枣桂圆茶

◆ **适应证**　畏寒、体虚

材料

红枣、桂圆、枸杞、玫瑰花、冰糖各2克

做法

1. 往杯中倒入开水，温杯后弃水不用。
2. 将红枣、桂圆、枸杞、玫瑰花、冰糖一起放入杯中，倒入适量开水刚好没过茶材。
3. 轻轻摇晃茶杯，将第一次茶水倒出，再倒入适量开水，泡5分钟后即可饮用。

茶效

桂圆具有补益心脾、养血宁神、健脾止泻的功效；红枣有补气养血、美白祛斑、延缓衰老、健脾益胃的功效。此款茶饮能够起到补血祛寒，调理虚弱体质的作用。

花草随笔

　　桂圆的糖分含量很高，且含有能被人体直接吸收的葡萄糖，经常吃些桂圆很有补益。桂圆肉能够抑制脂质过氧化和提高抗氧化酶活性，具有抗衰老、益气养血、提高免疫力、安神、润肤美容的作用。

小贴士 ● 可以根据个人的喜好，选择加入白糖或蜂蜜，口感也很好。

★**禁忌** 腹胀、大便滑泻者忌饮用。

红糖姜茶

◆**适应证** 风寒感冒、畏寒、手脚冰冷

材料

生姜 8 克，红糖适量

做法

1. 将生姜切丝，和红糖一起放入壶中，倒入适量开水刚好没过茶材。
2. 轻轻摇晃茶壶，将第一次茶水倒出，再倒入 300~500 毫升开水。
3. 轻轻搅拌至红糖溶化即可饮用。

茶效

生姜具有开胃止呕、化痰止咳、发汗解表、散寒的功效；
红糖具有益气补血、健脾暖胃的功效。两者为茶，可补血、散瘀、暖肝、祛寒、增强免疫力。

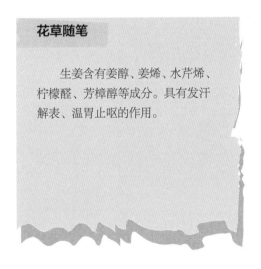

花草随笔

生姜含有姜醇、姜烯、水芹烯、柠檬醛、芳樟醇等成分。具有发汗解表、温胃止呕的作用。

小贴士 ● 红糖的用量可根据个人的喜好适量添加。

★**禁忌** 高血压患者忌饮用。

核桃葱姜茶

◆**适应证** 恶心呕吐

材料

核桃仁 20 克，葱白 20 克，生姜 20 克
红茶 15 克，水 600 毫升

做法

1. 将水倒入锅中，放入核桃仁、葱白、
生姜熬煮至水沸腾，静置 8 分钟。
2. 将红茶放入泡茶容器中，
倒入稍凉的核桃姜葱水冲泡即可饮用。

茶效

红茶具有提神解乏、抗癌、防衰老、
降脂降压、杀菌消炎、养胃护胃等功效。
核桃仁有温补肺肾、定喘润肠等功效。
适合在寒冷的冬天饮用，
温补肺肾、祛寒暖胃。

花草随笔

生姜具有养胃护胃、发汗解表、
止呕的作用。

小贴士 ● 适量饮用，能治恶心呕吐。

★**禁忌** 阴虚内热、痔疮、高血压患者忌服。